稀土掺杂氮化铝的表征及高压物性研究

王秋实 著

本书数字资源

北 京
冶金工业出版社
2024

内 容 提 要

稀土掺杂氮化铝在光电等领域具有广阔的应用前景。本书选取了 Eu^{2+}、Ce^{3+}、Sm^{2+} 三种稀土离子对氮化铝材料进行了原位掺杂研究，并对稀土掺杂氮化铝的结构、组分、形貌和发光性能进行了表征与分析，同时探讨了高压对稀土掺杂氮化铝纳米结构稳定性及发光性能的影响。

本书适合从事凝聚态物理、材料、无机化学等相关领域的科技研究人员和大专院校师生阅读和参考。

图书在版编目(CIP)数据

稀土掺杂氮化铝的表征及高压物性研究/王秋实著. —北京：冶金工业出版社，2024.5

ISBN 978-7-5024-9802-3

Ⅰ.①稀… Ⅱ.①王… Ⅲ.①稀土族—掺杂—氮化铝—纳米材料—物理性质—研究 Ⅳ.①TB383

中国国家版本馆 CIP 数据核字（2024）第 060870 号

稀土掺杂氮化铝的表征及高压物性研究

出版发行	冶金工业出版社	电　话	(010)64027926
地　址	北京市东城区嵩祝院北巷39号	邮　编	100009
网　址	www.mip1953.com	电子信箱	service@mip1953.com

责任编辑　于昕蕾　卢　蕊　美术编辑　吕欣童　版式设计　郑小利
责任校对　梅雨晴　责任印制　禹　蕊

三河市双峰印刷装订有限公司印刷
2024年5月第1版，2024年5月第1次印刷
710mm×1000mm 1/16；7 印张；133 千字；101 页
定价 68.00 元

投稿电话　(010)64027932　投稿信箱　tougao@cnmip.com.cn
营销中心电话　(010)64044283
冶金工业出版社天猫旗舰店　yjgycbs.tmall.com
（本书如有印装质量问题，本社营销中心负责退换）

前　言

在高压环境下，物质的结构和性质会发生显著变化，特别是半导体材料，高压环境对其能带结构、电子态密度以及光学性质影响显著。研究高压下半导体材料的性质和性能，对于理解其基本物理规律，以及探索其新的应用具有重要意义。

氮化铝作为一种重要的半导体材料，在电子、光电和发光器件等领域发挥着重要作用。然而，传统氮化铝材料在某些应用中可能存在性能限制，因此需要寻求新方法来优化其性能。稀土掺杂作为一种有效的手段，为氮化铝材料带来了新的元素和优秀性能，为其应用开拓了更广阔的前景。

稀土元素具有独特的电子结构和发光性质，通过将其掺杂到氮化铝中，可以引入新的活性中心，提高材料的发光性能和稳定性。同时，稀土掺杂还可以调节氮化铝的能带结构、带隙宽度等物理性质，使其具有更优异的光电性能和光学稳定性。

然而，稀土掺杂氮化铝的研究仍面临诸多挑战。如何实现稀土元素在氮化铝中的有效掺杂，如何控制掺杂浓度和微观形貌，以及如何理解掺杂对材料结构和性能的影响等，都是需要解决的问题。

本书系统介绍了高压环境下稀土掺杂氮化铝的发光性能研究进展和成果，详细阐述了稀土掺杂氮化铝的制备方法、性能以及应用前景，同时分析了稀土元素对氮化铝结构和发光性能的影响。此外，还探讨了高压环境对稀土掺杂氮化铝纳米材料稳定性和发光性能的影响，以及研究了如何通过优化制备条件和稀土掺杂浓度来提高材料的性能。

在编写本书的过程中，笔者注重内容的系统性和科学性，同时结合了大量的实验数据和理论分析。本书可供从事凝聚态物理、材料科学、无机化学等相关领域的科技研究人员阅读。建议读者在阅读本书之前了解基本的物理、化学和材料科学知识，以便更好地理解书中内容。

由于著者水平所限，书中难免有不妥之处，恳请读者批评指正。

王秋实

2023 年 10 月

目　　录

1 绪论 ··· 1
　1.1 研究背景 ··· 1
　1.2 AlN 的晶体结构与性质 ··· 1
　1.3 一维 AlN 纳米材料的性能 ··· 3
　1.4 AlN 的掺杂研究进展 ··· 4
　1.5 AlN 作为掺杂基质的优势 ·· 5
　1.6 稀土离子发光理论 ·· 5
　　1.6.1 稀土离子的结构特性与发光 ··· 5
　　1.6.2 稀土离子的激发和弛豫过程 ··· 7
　1.7 稀土离子 Ce^{3+}、Eu^{2+}、Sm^{2+} 的光谱特性 ························ 8
　1.8 Ce^{3+}、Eu^{2+}、Sm^{2+} 掺杂 AlN 研究进展 ···························· 9
　1.9 AlN 的高压研究 ··· 10
　1.10 研究意义及主要研究内容 ·· 11
　　1.10.1 研究意义 ·· 11
　　1.10.2 主要研究内容 ··· 12

2 实验装置、测试仪器及实验过程 ··· 13
　2.1 直流电弧等离子体辅助法原理及实验装置 ························· 13
　2.2 直流电弧放电实验过程 ·· 14
　　2.2.1 Ce^{3+} 掺杂 AlN(AlN:Ce)分级纳米结构制备过程 ············ 14
　　2.2.2 Eu^{2+} 掺杂 AlN 纳米线制备过程 ·································· 15
　　2.2.3 Sm^{2+} 掺杂 AlN 纳米分支结构的制备过程 ···················· 15
　2.3 表征方法 ·· 16
　2.4 高压实验仪器与方法 ··· 17

3 AlN:Ce 分级纳米结构的制备与表征 ···································· 20
　3.1 XRD 表征与分析 ··· 20
　3.2 SEM 和 EDS 表征与分析 ·· 21

3.3　XPS 表征与分析 ·· 23
3.4　本章小结 ·· 25

4　氧杂质对于 AlN:Ce 分级纳米结构的发光特性的影响 ············· 26

4.1　激发与发射光谱分析 ·· 26
4.2　有无氧杂质参与对于荧光温度稳定性的影响 ···················· 29
4.3　本章小结 ·· 30

5　AlN:Ce 分级纳米结构的高压物性分析 ·························· 31

5.1　原位高压 X 射线衍射 ··· 31
　　5.1.1　原位高压 X 射线衍射图谱 ······························ 31
　　5.1.2　晶格间距变化 ·· 32
　　5.1.3　高压下的晶格常数变化 ································ 34
　　5.1.4　高压下的体积变化 ···································· 35
　　5.1.5　对比分析与讨论 ······································ 36
5.2　AlN:Ce 分级纳米结构的高压荧光分析 ·························· 38
　　5.2.1　高压荧光图谱 ·· 38
　　5.2.2　压强下荧光峰半峰宽变化 ······························ 39
　　5.2.3　压强下荧光中心变化 ·································· 39
　　5.2.4　压强下荧光强度变化 ·································· 41
　　5.2.5　对比分析与讨论 ······································ 42
5.3　本章小结 ·· 44

6　AlN:Eu^{2+} 纳米线的表征 ···································· 46

6.1　AlN:Eu^{2+} 纳米线表征与分析 ································ 46
　　6.1.1　AlN:Eu^{2+} 纳米线 XRD 表征 ·························· 46
　　6.1.2　AlN:Eu^{2+} 纳米线的形貌与元素组成 ·················· 47
　　6.1.3　AlN:Eu^{2+} 纳米线的拉曼表征 ························ 49
　　6.1.4　AlN:Eu^{2+} 纳米线的 XPS 表征 ······················· 50
　　6.1.5　AlN:Eu^{2+} 纳米线的 PL 表征 ························ 51
6.2　本章小结 ·· 52

7　AlN:Eu^{2+} 纳米线的发光特性研究 ···························· 53

7.1　不同浓度 Eu^{2+} 掺杂 AlN 纳米线的制备 ······················ 53
7.2　Eu 掺杂浓度对 AlN:Eu^{2+} 纳米线发光特性的影响 ············· 53

7.3 温度变化对 AlN:Eu^{2+} 纳米线发光特性的影响 ·················· 55
7.4 本章小结 ·················· 57

8 AlN:Eu^{2+} 纳米线的高压物性研究 ·················· 58
8.1 AlN:Eu^{2+} 纳米线原位高压 X 射线衍射 ·················· 59
8.2 高压下 AlN:Eu^{2+} 纳米线的发光变化 ·················· 62
8.3 本章小结 ·················· 68

9 AlN:Sm^{2+} 纳米分支结构的表征与分析 ·················· 70
9.1 形貌和结构表征 ·················· 70
   9.1.1 XRD 和 EDS 表征与分析 ·················· 70
   9.1.2 SEM 和 TEM 表征与分析 ·················· 70
   9.1.3 XPS 表征与分析 ·················· 73
9.2 发光特性表征 ·················· 75
   9.2.1 PLE 光谱和 PL 光谱表征与分析 ·················· 75
   9.2.2 温度变化对发光特性影响的表征与分析 ·················· 78
   9.2.3 衰减特性表征 ·················· 81
   9.2.4 WLED 的封装和电致发光特性 ·················· 81
9.3 本章小结 ·················· 83

10 AlN:Sm^{2+} 纳米分支结构的高压性能研究 ·················· 85
10.1 高压光致发光分析 ·················· 85
10.2 高压拉曼分析 ·················· 90
10.3 本章小结 ·················· 94

参考文献 ·················· 95

1 绪 论

1.1 研究背景

近年来,第三代宽禁带半导体材料受到广泛关注,因为其能够满足在高功率、高温、高频和高辐射下工作的电子设备的应用,并且其宽带隙的特征在制备蓝光、紫外光电器件和探测器方面也有很大优势。目前,第三代宽禁带半导体材料主要包括 SiC、GaN、金刚石、ZnSe、AlN 等。

AlN 材料是第三代Ⅲ-Ⅴ半导体材料当中带隙最宽的直接带隙半导体材料,禁带宽度能够达到 6.2 eV[1],相比于 GaN、SiC,AlN 拥有很多类似的特征如具有优越的电击穿场强度 $(1.17 \times 10^7 \text{ V/cm})$[2]、热导率 $[3.19 \text{ W/(cm·K)}]$[3]、电子迁移率 $[3.4 \text{ W·cm}^2/(\text{V·s})]$[4]、高电阻率、高熔点以及高硬度,同时:AlN 的特宽带隙在紫外/深紫外光电子器件的应用中有巨大潜力[5];AlN 的声表面波传播速率高、传播损耗低、压电性能好,适用于制备高频的声表面波器件和体波器件[5];AlN 原料丰富,所以生产成本比较低,并且它无毒,是十分环保的半导体材料。综上,AlN 是一种十分有应用前景的材料,在制备光电功率器件、紫外/深紫外光电子器件、表面声波器件和体波器件领域有着巨大潜力。

1.2 AlN 的晶体结构与性质

氮化铝,共价化合物,是共价晶体,属类金刚石氮化物、六方晶系,纤锌矿型的晶体结构,无毒,呈白色或灰白色。AlN 热力学稳定结构为纤锌矿,而闪锌矿则是难以制备和观测到的亚稳态氮化铝结构。在较高压强下,AlN 会产生结构相变,由纤锌矿转变为闪锌矿。表 1-1 是 AlN 两种主要结构的晶体参数。

表 1-1 AlN 纤锌矿与闪锌矿结构数据对比

项 目	纤锌矿结构	闪锌矿结构
晶系	六方	立方
空间群	$P6_3mc$	$Fm3m$
晶格参数	$a = 0.311$ nm,$c = 0.498$ nm	$a = 0.438$ nm
禁带宽度	6.2 eV	5.11 eV

AlN 属于 $C_{v4}^6(P6_3mc)$ 空间群，在理想的 AlN 纤锌矿结构中，1 个 N 原子和 4 个 Al 原子形成 4 个共价键，四面体排列在另一个类型的原子上，正四面体结构如图 1-1 所示。纤锌矿型结构是以正四面体结构为基础构成的，其具有六方对称性，由两类原子各自组成的六方排列的双原子层堆积而成，但它只有两种类型的六方原子层，它的(001)面规则地按 ABABA…顺序堆积。一般 Ⅲ-Ⅴ 族化合物主要是通过共价键结合在一起的，但与此同时又会表现出一定的离子键的性质，所以当两种元素的电负性相差较大的时候，就会使得离子键占据主要的作用，从而更倾向于形成纤锌矿结构；相反，如果共价键占据主要作用，就更容易形成闪锌矿结构。

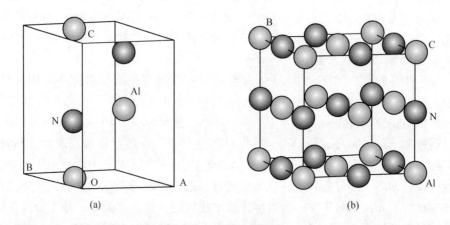

图 1-1　AlN 纤锌矿 (a) 和闪锌矿 (b) 晶体结构

AlN 的物理性质由表 1-2 可知，能明显看出 AlN 具有优良的热传导性、较高的表面声速和良好的压电性质，在表面声波器件和传感器方面有着巨大的应用价值。AlN 具有稳定的物理和化学性能，其熔点达到 2752 ℃，热稳定性在 2200 ℃，在制备耐高温器件中得到应用。由于其介电常数为 8.3~11.5，AlN 有着很强的击穿场强以及比较好的热稳定性，因此可以用于热传导装置，其超宽带隙使其可以作为绝缘材料应用在半导体器件中。AlN 具有优良的性能，在多个领域具有广泛的应用，是一种性能很好的多功能材料。

表 1-2　AlN 晶体的物理性质

性　质	数　值
禁带宽度/eV	6.2
晶格常数/nm	$a = 0.3122, c = 0.4982$
密度/kg·m^{-3}	3230
电阻率/Ω·m	$10^{13} \sim 10^{15}$

续表1-2

性　质	数　值
热导率/W·(cm·K)$^{-1}$	3.2
介电常数	$\varepsilon_\infty = 4.68 \sim 4.84$, $\varepsilon_0 = 8.3 \sim 11.5$
杨氏模量/GPa	329
热膨胀系数/K^{-1}	$\alpha_a = 4.2 \times 10^{-6}$, $\alpha_c = 5.3 \times 10^{-6}$

1.3　一维AlN纳米材料的性能

一维AlN纳米材料，受到表面效应和小尺寸效应的影响，在光学性能、场发射性能、传输性能、机械和压电性能等方面表现更优异。

(1) 光学性能：AlN纳米材料的光致发光性能主要取决于AlN纳米材料的形态、尺寸、掺杂浓度和合成条件。AlN为直接带隙半导体发光材料，发光效率较低，当AlN形成一维纳米材料时，由于其表面缺陷及小尺寸效应，可以表现出良好的蓝绿光和紫外发光特性[6-7]。Kim等采用Al粉直接氮化法在Au涂覆的Si衬底上合成了六方AlN纳米线[8]。不同温度下的PL光谱均表现出以3.0 eV为中心的强蓝色发光带及以2.4 eV为中心的弱绿色发光带。随合成温度升高，PL峰强度逐渐增加。Xu等采用直接氮化法合成了AlN纳米线[9]。AlN纳米线的PL光谱展现出以434 nm (2.84 eV) 为中心的从300 nm (4.11 eV) 至600 nm (2.06 eV) 的蓝色发光带，其发光基质归因于Al空位或O杂质能级的复合作用。

(2) 场发射性能：采用Al粉直接氮化法合成了超长AlN纳米线，其场发射电流密度高达1440 μA/cm^2，开启电场强度为6.3 V/μm，阈值电场强度为12.2 V/μm，场发射性能较好[10]。Kasu等讨论了硅掺杂的密度和厚度对AlN场发射性能的影响[11]。结果表明，净电场强度随Si掺杂密度的增加而减小；随Si掺杂的AlN厚度增加，电场强度出现先增加后降低的趋势。当厚度为0.8 μm、电流密度为0.22 A/cm^{2}时，FE电流最高为155 μA，场发射性能最好。

(3) 传输性能：Huang等证明在AlN纳米线中可以选择性发生正、负光电流响应[12]。当使用1.53 eV和2.33 eV的较低能量激发时，观察到正光电流响应；当用3.06 eV和3.81 eV的更高能量激发时，样品展现出负光电流响应。适当掺杂可改变AlN纳米线的传输特性。Tang等通过化学气相沉积法，以二茂基镁(Cp$_2$Mg)为掺杂源，在Si(111)衬底上成功合成了Mg掺杂AlN纳米线阵列[13]，未掺杂的AlN纳米线本身具有P型导电性，但Mg掺杂的AlN纳米线具有更大的空穴迁移率，展现出了更好的导电性；通过调控Mg掺杂浓度，进而调节AlN纳米线的电导率。

(4) 机械和压电性能：Yazdi等用气固生长法制备了AlN纳米线阵列，并对其机械性能和压电性能进行了研究[14]。结果表明，所制得的纳米线具有弹性变形特征，弹性模量高达 67 GPa；进一步对其压电性能做初步测试，发现测得的最高电压和电流分别是 1.65 mV 和 15 pA，说明 AlN 纳米线是一种有望应用于压电器件的新型材料。另外，Piazza 等利用 AlN 的压电性能制成压电谐振器，AlN 以梯形结构电耦合，以产生高性能、低损耗（在 93 MHz 时低至 4 dB）的微机械带通滤波器，为多频集成电路的制备开辟革命性的途径。

1.4 AlN 的掺杂研究进展

2006 年，Taniyasu 等以 Mg 和 Si 作为掺杂源实现对 P 型和 N 型 AlN 的调控，制备出发光波长为 210 nm 的发光二极管[15]。光电功能器件和高功率半导体器件要求半导体能够通过掺杂调控其 N 型和 P 型。目前，国内外为探究实现有效 N 型和 P 型 AlN 掺杂开展了许多理论和实验研究。

理论研究方面，多采用Ⅱ族元素进行掺杂，袁娣等对比计算了Ⅱ族元素掺杂 AlN，结果表明 Be 较 Mg、Ca 更能提升 P 型导电性，但是 Be 和 N 结合会引入更浅的受主能级，并且更容易形成间隙杂质[16]。2007 年，张丽敏等采用密度泛函理论的第一性原理计算了 Mg、Zn 掺杂 AlN，对比两种杂质的计算结果，Mg 掺杂 AlN 形成了比 Zn 掺杂更多的空穴，Mg 是更好的 P 型掺杂剂[17]。2009 年，董玉成等基于密度泛函理论的第一性原理计算 Zn、Cd 掺杂 AlN，对比两种杂质的计算结果，Zn 相较于 Cd 能够提供更多的空穴，Zn 是更好的 P 型掺杂剂[18]。2010 年，高小奇等计算了 Cd∶O 共掺 AlN，Cd∶O 共掺 AlN 后呈现 P 型且共掺比 Cd 单掺 AlN 空穴浓度大约提高 10^3 倍，加强 Cd—N 的共价特性对改善 AlN 的 P 型特性有重要意义[19]。2020 年，Liu 等基于第一性原理计算了 Mg-F 共掺 AlN，计算结果数据表明 Mg-F 共掺能够有效提高 AlN 的 P 型导电性[20]。单掺中，Mg 比起其他杂质都更具优势，容易替位 Al 形成较好的 P 型 AlN，AlN 的共掺比单掺效果更好，但是共掺工艺比较复杂，目前并无共掺实验研究被报道。

实验研究方面，2011 年，Tang 等使用 MOCVD 方法将 Cp_2Mg 作为气相沉积掺杂源，在 Si(111)衬底上合成了具有可调 P 型导电的良好的对齐的 AlN 纳米线阵列，其在开发深紫外发光二极管和光电探测器等实用纳米器件方面具有巨大的潜力[13]。对于制备 N 型 AlN，国内外目前大多都是使用 Si 作为杂质源进行实验研究。2000 年，Zeisel 等使用分子束外延技术制备 Si 掺杂 AlN 薄膜，该薄膜在室温下测得自由载流子浓度为 2×10^{15} cm^{-3}。2002 年，Taniyasu 等采用气相外延法成功制备出导电性好的 Si 掺杂 AlN 薄膜[11]。2016 年，Contreras 等通过分子束外延制备 Si 掺杂 AlN，获得了导电性良好的 N 型半导体，在室温下测得自由载流子浓度约为 1×10^{15} cm^{-3}[21]。对于研究 AlN 的压电性能和铁磁性，2016 年，Wang

等使用 Sc 掺杂 AlN，增强了压电性[22]。Han 等通过理论计算发现 Li、Na、K 单独掺杂 AlN 表现出铁磁性[23]。研究压电性和铁磁性的报道较多，压电性和铁磁性并不是本书研究重点，在此不作过多阐述。

1.5　AlN 作为掺杂基质的优势

作为重要的Ⅲ族氮化物半导体，AlN 优异的物化性能使其在电子、光电和场发射器件领域有潜在应用价值。关于增强 AlN 的应用效果，掺杂被认为是一种有效的方法。AlN 作为掺杂基质有以下几个优势：

（1）掺杂可以通过增加载流子的数量来改善 AlN 的电学性能。例如，2011 年，Tang 等通过 Mg 掺杂 AlN 纳米线实现了调控 P 型导电性和传输特性[13]；2015 年，Wu 等通过对纳米 AlN 进行掺杂，实现了场发射调控[24]。

（2）AlN 作为最大带隙（6.2 eV）的半导体，可以通过调节不同掺杂离子从而调节其发光性能，发光波段覆盖紫外到红外区域。2001 年，Jadwisienczak 等通过 Eu 和 Tb 共掺 AlN 实现了可见光发射[25]。2003 年，Nam 等认为 AlN:Mg 中的 Mg 可以作为深紫外光的光电探测材料[26]。2009 年，Inoue 等利用 AlN:Eu 得到了可应用于紫外白光发光二极管的高效热稳定蓝光荧光粉[27]。

（3）在 AlN 中引入合适的掺杂剂，可以制备出稀磁半导体（DMS）。制备掺杂过渡金属或稀土元素的 AlN 具有新颖磁学性质，可用于自旋电子学器件。2007 年，Ji 等合成了 AlN:Cu 磁性材料[28]。2009 年，Lei 等合成了磁性 Sc 掺杂 AlN 六重对称层状纳米结构[29]。2010 年，Lei 等探究了 AlN:Y 的磁学特性[30]。近年来，稀土离子（Eu^{2+}、Ce^{3+}、Tb^{3+} 和 Er^{3+}）和过渡金属离子（Mn^{2+}）掺杂的 AlN 基荧光材料都有报道[31-32]。而 AlN 作为稀土掺杂基质材料更引人关注。

1.6　稀土离子发光理论

1.6.1　稀土离子的结构特性与发光

从 57 号镧至 71 号镥的 15 种镧系元素（Ln）以及同族化学性质相近的钪（21 号）和钇（39 号）为稀土元素家族，一般用 RE 表示。镧系原子一般形成正三价的镧系离子（Ln^{3+}）。独特的 4f 电子排布方式造就了 Ln^{3+} 特殊的发光性质[33]。Ln^{3+} 的量子数较大（$n=4$，$l=3$），如图 1-2 所示，其能级极其丰富。但由于选律的限制，一般自由稀土离子状态下能观察到的跃迁谱线有限。而在凝聚态中，宇称禁戒可能在晶体场的影响下解除，从而产生了 $4f^n$ 组态内各能级之间跃迁的光谱，这种 $4f^n$ 发光的特点是峰形尖锐、色度纯，发光寿命通常长至毫秒级，多数正三价稀土离子的发光呈现以上特征。还有一种情况是稀土离子 $4f^n$ 组

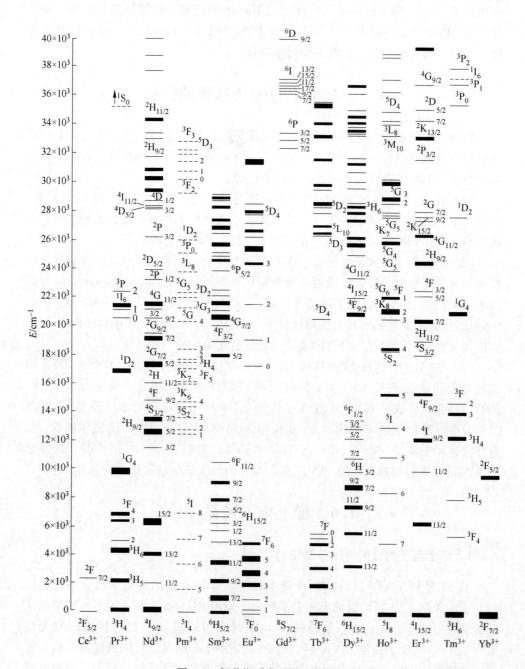

图 1-2 部分镧系离子的 4f^n 能级

态和 4f^n—5d 组态能级间的跃迁，会导致较宽的带状光谱，例如 Eu^{2+} 和 Ce^{3+} 的发光，其寿命较短（通常在纳秒量级）而发光峰较宽。

1.6.2 稀土离子的激发和弛豫过程

稀土离子的激发可以分为直接激发和间接激发两种类型。直接激发是通过共振直接激发稀土离子的4f壳层,只要光子能量和稀土离子的一对4f能级相差的能量相等,则就有可能使得稀土离子直接被激发至相应的激发态。而间接激发则与电子和空穴的复合有关,通过各种手段使得基质材料中的电子被激发至导带后,电子和空穴复合而释放的能量则有可能通过一定的方式向附近的稀土离子进行非辐射转移。电子与空穴复合的条件的多样性导致了稀土离子间接激发机制的复杂性。稀土离子在固体基质中的典型激发过程如图1-3所示,即:(1) 半导体材料被激励后,电子跃迁至导带,称为自由载流子;(2) 一些自由电子被与稀土相关的缺陷陷阱能级捕获;(3) 由于库仑相互作用,被捕获的电子在价带诱导产生空穴;(4) 缺陷捕获的电子和空穴对复合,释放的能量被稀土离子吸收,进而从基态跃迁到激发态;(5) 稀土离子通过辐射释放能量而从激发态弛豫,但也可能发生被称为退激发的能量反向传递过程。退激发过程中,对于稀土含量较高的样品,能量可能再次被用来激发同一个或邻近的稀土离子,也可能产生缺陷至带边复合导致的发光。由以上描述可知,带隙比较宽时,禁带中丰富的缺陷能级会导致整个过程中的能量传输行为变得极为复杂,此外各种能级间的失配被证明可以由声子的产生或吸收进行弥补[34-35]。除 Yb^{3+} 外的所有稀土离子都有一个以上的激发态,因为可能几种路径同时存在,也增加了能量传递机制的复杂程度。

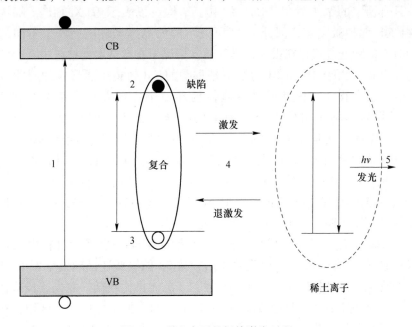

图1-3 稀土离子的间接激发过程

1.7 稀土离子 Ce^{3+}、Eu^{2+}、Sm^{2+} 的光谱特性

稀土离子中铈离子（Ce^{3+}）的电子结构是相对简单的，Ce^{3+} 的 4f 只有一个电子，基态 4f 一般由两个电子组态组成，分别为 $^2F_{5/2}$ 和 $^2F_{7/2}$ 能级，由于自旋耦合，两者一般能量差为 2000 cm^{-1}。激发态 $5d_1$ 一般会发生晶体场劈裂，分峰 2~5 个，幅度在 15000 cm^{-1} 左右。其发光中心一般落在可见光和近紫外光区，常被选用为蓝光材料中的激活剂。目前有多种 Ce^{3+} 掺杂荧光材料，主要包括有机高分子、无机晶体和玻璃材料。一般外部晶体场环境对大多数稀土离子能级影响较小，因此在不同基质中，稀土离子的发光中心通常较为稳定。而 Ce^{3+} 较为特殊，能级受外部晶体场影响较大，在周围不同的晶体场环境影响下，发光峰位变化较大[36]。

铕（Eu）离子 4f 轨道上的电子运动状态与能量特征往往决定 Eu 的发光性质。Eu 离子拥有未充满的 4f 电子层，根据 4f 电子的排布不同从而产生不同的能级，当 4f 电子在这些不同的能级之间跃迁时，就形成了平时见到的激发和发射光谱[37]。Eu 在晶格中以两种价态形式存在，分别为正三价和正二价。下面分别介绍两种价态的 Eu 在晶体中电子组态对发光性能的影响。

Eu^{3+} 的电子结构可以表示为 $[Xe]4f^6$，Eu^{3+} 具有 $4f^6$ 的激发态，能级跃迁在内层 4f 电子之间发生，由于被 $5s^25p^6$ 电子层所保护，因此受外界晶体场环境干扰小，具有稳定的窄带发射。Eu^{2+} 的电子结构可以表示为 $[Xe]4f^7$，Eu^{2+} 具有 $4f^7$ 和 $4f^65d^1$ 两种激发态，因此 Eu^{2+} 所处不同的晶体场环境而产生不同的激发态，相对应的跃迁方式存在很大差异。通常情况下在掺杂发光材料中，Eu^{2+} 的激发态为 $4f^65d^1$，由于 $4f^6$ 和 5d 的组态是重叠的，d 轨道中所形成的新能级不受 $5s^25p^6$ 电子层所保护，因此受外界晶体场环境干扰很大，具有宽的发射光谱带[38]。外界晶体场作用使 $4f^65d^1$ 所形成的能级产生不同程度的分裂，导致 $4f^65d^1$ 激发态的最低能级逐渐降低，与基态能级之间的能量差距逐渐减小，使其具备了从紫外到可见光区域的发射光谱带，并且具备连续可调性的优点。

Sm^{2+} 的电子构型是 $(Xe)(4f)^6(5s)^2(5p)^6$。Sm^{2+} 的基态有 6 个电子，这 6 个 4f 电子自行排列成 $4f^6$ 构型，也可为 $4f^55d$ 构型（5d 和 4f 能级相近）。因此 Sm^{2+} 所处晶体场环境不同，其电子跃迁形式也会不同。一般情况下，室温时 Sm^{2+} 的 $4f^65d$ 状态能量比 $4f^7$ 组态的能量低，因此大多数 Sm^{2+} 启动的材料中都观察到 4f—5d 跃迁[39]。对于 Sm^{2+}，激发停止后，从 5d 能级跃迁回到属于 4f 的基态而产生发光现象。这种情况下，由于 Sm^{2+} 的 5d 态能量比较低，发光波长落在可见光区域。如果改变晶格，从而改变 5d 的位置，可以使 Sm^{2+} 的发光区域遍布从蓝光到红光任何区域。光激发 Sm^{2+} 掺杂发光材料，使 Sm^{2+} 发生 $^7F_0-^5D_J$（$J=0,1$,

2) 跃迁，释放的电子被陷阱捕获，在吸收光谱中出现一凹陷。此凹陷孔的存在和不存在可以分别记录为"1"和"0"，从而进行二进制频域光存储，大大提高了信息存储的密度。

1.8 Ce^{3+}、Eu^{2+}、Sm^{2+} 掺杂 AlN 研究进展

众所周知，AlN 掺杂过渡金属或稀土元素后，将具有新颖的光学特性。稀土掺杂 AlN 的发光范围很广，其中 Ce^{3+} 的发光特性归因于完全允许的电偶极子 5d—4f 跃迁，其在紫外蓝光区域的发光快速高效。Ce^{3+} 的发光峰位受晶体场环境影响也很大。综合上述因素，AlN: Ce^{3+} 目前较受学者关注。但是，迄今为止，关于 AlN: Ce^{3+} 的报道还比较少。2012 年，Liu 等在高温（2050 ℃，4 h）和高氮压（0.92 MPa）下去除了氧杂质影响，利用 Si^{4+} 共掺，将 Ce^{3+} 成功掺杂进 AlN 的正八面体中心格位，合成了 AlN 荧光粉的蓝光多晶粉末[40]。2016 年，Wieg 等通过商用 AlN 和 Ce 粉末在管式炉中烧制了发白光的高品质的 AlN: Ce^{3+} 陶瓷，白色荧光是源于 AlN 缺陷配合物和 Ce^{3+} 电子跃迁的共同作用[41]。2017 年，Giba 等通过射频溅射合成了具有强蓝光发射的 AlN: Ce 薄膜，其指出氧的掺入对 AlN: Ce 薄膜的光致发光有重要的促进作用，（氧）氮化物基材料具有很强的蓝光发射能力[42]。2018 年，Ishikawa 等采用优化的高压高温熔剂法合成了 Ce^{3+} 掺杂 AlN 单晶块体，Ce^{3+} 替代 Al^{3+}，Ce^{3+} 发光中心位于 600 nm 处，AlN 单晶块体呈现粉红色荧光[43]。

Eu^{2+} 在固体中的发光行为开始引起人们的注意。其作为半导体中重要的稀土金属掺杂剂，是最常用的活化剂，因为它的发光特性归因于完全允许的电偶极子 5d—4f 跃迁，这导致紫外—可见光范围内的大吸收截面。由于 5d 组态上的电子受外界环境的影响，导致其 5d—4f 跃迁所需要的能量受外界晶体场环境影响很大。Eu^{2+} 在基质中受晶体场强弱和共价性强弱的影响，Eu^{2+} 的激发和发射光谱有很大的差异。对于 AlN 掺杂 Eu 的研究如下：

Do 等在 2010 年，以 AlN、Si_3N_4 和 Eu_2O_3 为起始原料，采用放电等离子烧结（SPS）在 1650～1800 ℃ 范围内成功制备了单相 Eu 和 Si 共掺 AlN 粉末[44]。AlN: Eu^{2+} 在 340 nm 激发下于 480 nm 处显示出强烈的蓝光发射。Yin 等在 2010 年利用碳热还原法制备了 Eu^{2+} 掺杂的氮化铝（AlN）磷光体[45]，通过在氮气环境下 1750 ℃ 的反应温度和 8 h 的均热时间获得了纯 AlN: Eu^{2+} 荧光粉。改变碳含量，磷光体的主要发射波长可以从蓝光到绿光广泛调谐。Cai 等在 2014 年首次采用金属有机前驱体方法成功合成了纳米 Eu^{2+} 掺杂 AlN 荧光粉[46]，获得了在紫外光有效激发下具有绿光发射的纳米荧光粉，其发射峰位于 506 nm。Liu 等在 2017 年通过简单的直接氮化方法合成了 AlN: Eu^{2+} 绿光荧光粉[47]，通过在流动的氨中简单

地直接氮化金属铝和 Eu_2O_3 粉末混合物，成功地制备了 Eu 掺杂的氮化铝磷光体。AlN 在反应温度大于 900 ℃下形成，Eu^{3+} 在氮化条件下转变为二次氧化物相 $EuAl_2O_4$。通过在氮气气氛中 1600 ℃下对氮化产物进行后热处理 3 h 来获得纯相 AlN，其中 Eu^{2+} 掺杂浓度小于 0.5%。在 363 nm 激发下，磷光体显示出以 521 nm 为中心的宽谱绿色荧光发射。

目前，还没有关于 Sm^{2+} 掺杂 AlN 的报道。根据现有 Ce^{3+}、Eu^{2+} 掺杂 AlN 的报道，有以下几个问题：

(1) 由于 Ce^{3+}、Eu^{2+}、Sm^{2+} 的离子半径明显大于 Al^{3+}，因此很难将 Ce^{3+}、Eu^{2+}、Sm^{2+} 稳定地掺杂到 AlN 主晶格中，高纯度的 Ce^{3+}、Eu^{2+} 掺杂 AlN 只能在高温高压的环境中制备成功。制备成功案例的稀少说明制备稳定的 Ce^{3+}、Eu^{2+}、Sm^{2+} 掺杂 AlN 材料目前十分困难。需要探索一种更加高效且价格低廉的制备工艺。

(2) Ce^{3+}、Eu^{2+}、Sm^{2+} 掺杂 AlN 纳米荧光材料应受到更多的关注。纳米材料的尺寸较小，许多体材料固有特性在纳米级上会显示出不同，将这种现象称为"纳米效应"。纳米材料的比表面积很大、表面能较高、粒径较小、表面原子所占比例较大，其中纳米结构的表面效应可以使纳米材料呈现出许多奇特的电学和光学等性质，使得纳米材料在发光材料方面具有非常广泛的应用前景。但目前的 Ce^{3+}、Eu^{2+} 掺杂 AlN 的报道主要集中在块体材料或薄膜的光学性质方面。关于 Ce^{3+} 掺杂 AlN 纳米分级结构和 Eu^{2+} 掺杂 AlN 纳米线的报道很少。

(3) 实际上，由于高纯的 Ce^{3+} 掺杂 AlN 材料难以制备，以及氧杂质与 AlN 的天然亲和性，很多 AlN:Ce 的报道都是基于 Al(O)N 的，然而在很多对 AlN:Ce 的报道中都忽略了氧杂质对于发光和结构稳定性的贡献。迄今为止，只有 2018 年 Giba 等讨论了热退火下 AlN 基质中的氧缺陷在调制 AlN:Ce 薄膜在蓝—绿—橙—白光发射中的重要作用。氧杂质可以促进 Ce^{4+} 到 Ce^{3+} 的转化，提高样品的荧光强度，而 Ce 离子周围 N/O 的改变会造成发射峰的蓝移[48]。目前关于氧杂质对于 AlN:Ce 发光特性影响的报道还不充分，氧杂质参与的影响也没有被系统地研究过。

1.9 AlN 的高压研究

物质内部缺陷、杂质和微观结构是影响材料性能的关键因素。高压物理学是研究在远高于常压几千倍压强下的物质性能的一门学科[49]。通过压强手段使物质的原子间距离缩短，晶体的分子、原子重新排列，晶体结构发生相变。原子间的距离减小也会提高原来的亚轨道电子之间的重叠程度，从而改变晶体的电子结构。因此压强可以通过改变晶体结构来改变物质在力学、热学、光学、磁学等方面的性质[50-51]。随着高压同步辐射X射线衍射研究、高压电磁学研究、高压光谱学这些高压实验技术的日益完善,高压下物质结构及性质的研究受到了科研工作者的广泛关注。

随着人们对AlN材料研究的不断深入,AlN材料在高压下的性能变化逐渐成为人们研究的热点。通过对AlN材料进行高压物性研究发现,AlN块体材料在压强为20 GPa时发生了由纤锌矿结构向岩盐矿结构的转变。为进一步了解AlN纳米材料的结构稳定性和相变机制,Wang等、Shen等先后对AlN球形纳米晶和纳米线进行了高压物相研究[52-54],结果表明AlN纳米晶和纳米线的转变路径和块体材料一致,但相转压强有所改变,AlN球形纳米晶和纳米线的相转压强分别为14.5 GPa和24.9 GPa。人们把同为AlN纳米级材料却表现出不同于体材料的相转压强的原因归结于材料的形貌和小尺寸诱导的晶胞体积膨胀。近年来,氮化铝掺杂稀土离子作为发光材料逐渐被人们所关注。然而到目前为止,有关Ce^{3+}、Eu^{2+}、Sm^{2+}掺杂对氮化铝在高压下的结构变化和相转压强点的改变的研究仍未见报道,因此探索Ce^{3+}、Eu^{2+}、Sm^{2+}掺杂AlN材料在高压下的物相和高压下Ce^{3+}、Eu^{2+}、Sm^{2+}所处晶体场的变化对AlN:Eu材料发光效率的影响是十分必要的。

1.10 研究意义及主要研究内容

1.10.1 研究意义

AlN是半导体材料中禁带最宽的直接带隙半导体,在很多固体器件中扮演着重要角色。稀土掺杂为氮化铝材料带来了新的元素从而使其产生更加新颖的优秀性能,使氮化铝具备了更加广泛的应用前景。稀土离子和AlN纳米材料本身都是良好的发光材料,但由于稀土离子半径远大于Al离子半径,稀土离子一般很难以替代晶格位置的形式掺入AlN半导体纳米晶体中。目前人们对于稀土离子掺杂AlN结构和性质了解甚少,如何将稀土离子简单有效地掺杂进AlN晶格中并研究其物理性能,在理论和实践方面都有重要意义。

高压物理学是研究在远高于常压几千倍压强下的物质性能的一门学科。通过压强手段调节原子间距离、相邻电子轨道之间的重叠、能带间隙来研究材料的结构和性能。高压科学不仅提供了深入了解材料性质、结构的手段,同时也开拓了研究两者关系的重要途径。本书研究高压对Ce^{3+}、Eu^{2+}、Sm^{2+}掺杂氮化铝的结构稳定性和发光性能的影响,探讨了高压下Ce^{3+}、Eu^{2+}、Sm^{2+}掺杂氮化铝的结构的变化对发光性能的影响,目的在于通过可控压强调节AlN晶体场变化来获得特定波长的发光,并总结出稀土掺杂AlN的结构和发光性能变化规律,为稀土掺杂AlN纳米材料在高灵敏度的压致变色材料的应用提供理论依据。

1.10.2 主要研究内容

本书主要研究内容有：

（1）通过改进等离子体直流电弧放电装置，制备 Ce^{3+} 掺杂 AlN（AlN:Ce）分级纳米结构。该装置产生的等离子体及动态高温极端环境，能够使大离子半径的稀土 Ce 离子原位掺杂到 AlN 中。利用 NH_3 环境，基本杜绝了氧杂质的影响，制备了无氧掺杂的 Ce^{3+} 掺杂 AlN 纳米分级材料 AlN:Ce（O 0.8%），通过 N_2 环境与 O_2 环境，人为地引入微量氧杂质，制备了有氧杂质的 AlN:Ce 纳米分级材料，样品为 AlN:Ce（O 1.2%）、AlN:Ce（O 6.1%）。通过对氧杂质的调节，控制 AlN:Ce 纳米材料从红光到蓝光范围。阐述了有无氧杂质参与对 AlN:Ce 分级纳米结构的发光特性的影响。进行高温热猝灭对比研究，通过微量氧杂质的调节，增强高温下发光的稳定性。利用金刚石对顶砧超高压技术，选用样品 AlN:Ce（O 0.8%）和 AlN:Ce（O 6.1%），对无氧杂质和有氧杂质 AlN:Ce 纳米分级材料进行高压下同步辐射、发光研究，探究高压极端条件下样品与 AlN:Ce 纳米分级材料的物性差异及变化规律，以及氧杂质对于高压下晶格结构稳定性和荧光行为的作用，为其在压强下高灵敏度材料和相变探针领域的应用提供理论依据，同时希望能为社会提供更优越更稳定的高压发光 AlN:Ce 纳米材料新方案。

（2）通过改进等离子体直流电弧放电装置成功制备出 Eu^{2+} 掺杂 AlN（AlN:Eu^{2+}）纳米线，并对样品进行了表征与分析，讨论了 Eu^{2+} 掺杂对材料的物理性质的影响。分析了 Eu^{2+} 掺杂浓度以及温度对 AlN:Eu^{2+} 纳米线的发光性能的影响。利用金刚石对顶砧超高压技术对样品进行高压原位同步辐射和高压发光研究，探究了 AlN:Eu^{2+} 纳米线在高压极端条件下的物理性质的变化规律。

（3）首次采用等离子体辅助电弧放电法成功制备出 AlN:Sm^{2+} 纳米分支结构，对其进行了表征与分析。AlN:Sm^{2+} 纳米分支结构展现出 Sm^{2+} 特征发光峰，该峰具有半峰宽超小的特性。讨论了 Sm^{2+} 掺杂浓度、高温变化对样品的发光性能的影响。对制备的 AlN:Sm^{2+} 纳米分支结构在高压下的 PL 光谱、拉曼光谱的变化进行了分析，对其物性变化规律进行了研究。

2 实验装置、测试仪器及实验过程

2.1 直流电弧等离子体辅助法原理及实验装置

电弧放电是指两个电极在一定电压下由气态带电粒子（电子或离子）维持导电的现象，其特点如下：具有最低电离电压和阴极压降、由阴极发射电子形成电流的自持放电。电弧放电通常分为直流电弧放电和交流电弧放电两种，本书中制备 Ce^{3+}、Eu^{2+}、Sm^{2+} 掺杂氮化铝纳米材料采用的是直流电弧放电方式。直流电弧能够产生高温高速的热等离子体流，具有加热速度快（约 10^{10} K/s）、绝对温度高（约 10^4 K）、粒子运动速度快（约 10^2 m/s）、气体电离度高、活性强等优点，它所创造的极端环境对于物质的合成有一定的优势。在过去，直流电弧等离子体方法主要被应用于零维纳米粒子的制备中。近些年，利用直流电弧等离子体方法制备一维纳米材料的报道相继出现。利用直流电弧法制备纳米材料的过程中积累了丰富的经验，目前已经成功制备出多种形貌、尺寸、维度的Ⅲ-Ⅴ族纳米氮化物以及硅化物一维纳米材料，这为本书工作的开展提供了坚实的理论基础。

实验装置为搭建的直流电弧炉，直流电弧炉反应腔简图和仪器实拍图如图 2-1

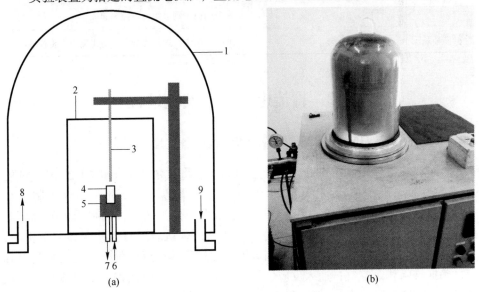

图 2-1 直流电弧法反应腔体简图 (a) 和仪器实拍图 (b)

1—真空玻璃罩；2—冷凝壁；3—钨杆；4—石墨坩埚；5—铜座；6，7—进出水口；8，9—进排气口

所示，直流电弧炉装置组成部分如表2-1所示。整个反应室由真空玻璃罩1、冷凝壁2、钨杆3、石墨坩埚4、铜座5、进出水口6和7、进排气口8和9组成。实验过程中通过进排气口将反应室腔与机械真空泵和反应气体接通，利用机械真空泵和反应气体调控反应室内压强。进出水口连接冷凝壁与水冷循环系统，对过热部分降温，保护实验仪器。铜座固定石墨坩埚与直流电焊机连接组成阳极，钨杆作为阴极。冷凝壁保护实验仪器，并作为产物收集区。真空玻璃罩负责隔绝反应室与外部环境，减少外部环境对产物的影响。在高压密闭的反应腔体内，阴阳两极通过施加电压，使密闭在反应室内的高导电率的游离气体起弧，高活性和高电离密度的原料粉末蒸气和反应气体相互反应，该气体在电弧的阴阳两极形成具有高反应活性的等离子体，反应并生长出晶体。

表 2-1 直流电弧炉装置组成部分及作用

实验装置构成	组 成 部 分	作 用
反应腔体	真空玻璃罩、冷凝壁、钨杆、石墨坩埚、铜座、进出水口、进排气口	隔绝外部气体环境，电弧的阴阳两极形成反应活性极高的等离子体，相互反应，生长晶体
真空系统	机械真空泵	将反应腔体抽至真空
	气体输运系统	利用进出气口，输入反应气体或保护气体调控实验压强，或排出腔内气体
起弧系统	直流电焊机	提供反应电源，调节实验电流，控制反应电压
	升降机	调节阳极与阴极距离，控制起弧
冷凝循环系统	水冷循环系统	通过进出水口连接冷凝壁，防止反应中装置过热

2.2 直流电弧放电实验过程

2.2.1 Ce^{3+} 掺杂 AlN(AlN:Ce)分级纳米结构制备过程

通过直流电弧炉制备实验样品，过程如下：将摩尔比为100∶1的Al（纯度为99.999%）和CeO_2（纯度为99.99%）粉末研磨均匀，利用模具压制成高4 cm、直径2 cm的圆柱样品块，放在石墨坩埚中作为阳极，调整阴极的钨杆与样品距离，封盖并令盖子与阴极保持一段距离，确认玻璃罩盖使腔体完全密封，使用机械真空泵抽气至真空，通入高纯度的保护气体或反应气体，再次抽气至真空，确保排除残余空气，通入反应气体或保护气体至实验压强。确保冷凝水循环通畅后，准备起弧，电流调节至100 A，利用升降机调整两极距离起弧，使稳定反应，反应电压约为20 V，反应4 min。断开起弧系统，使反应适时停止。通入

60 kPa 高纯度氩，室温下钝化产物 6 h 后，关闭冷凝循环系统，在冷凝壁上收集产物。本书实验中，通过调节反应气体或保护气体，控制实验中氧杂质的引入，制备出样品 AlN:Ce（O 0.8%）、AlN:Ce（O 1.2%）、AlN:Ce（O 6.1%），实验中制备的样品和使用的气体及对应的实验压强如表 2-2 所示。

表 2-2 实验样品及制备气体环境

名称	样品	反应气体或保护气体(99.99%)和实验压强
AlN:Ce（O 0.8%）	无氧杂质红光 AlN:Ce 分级纳米结构	NH_3 30 kPa
AlN:Ce（O 1.2%）	黄绿光 AlN:Ce 分级纳米结构	N_2 25 kPa 和 O_2 5 kPa
AlN:Ce（O 6.1%）	蓝（绿）光 AlN:Ce 分级纳米结构	N_2 15 kPa 和 O_2 15 kPa

2.2.2 Eu^{2+} 掺杂 AlN 纳米线制备过程

将所需原材料放置于球磨机混合均匀后利用模具压块，制成高度为 4 cm、直径为 2.8 cm 的圆柱形块体，放置于石墨坩埚中，将石墨坩埚与阳极铜座相固定。组装钨杆阴极实验装置，将钨杆与样品中心对齐，保持 2 cm 的距离。随后将盖子与钨杆保持 1 cm 距离盖好，防止钨杆和金属盖之间发生起弧。用玻璃罩与密封胶圈将反应室密封完全，防止漏气影响实验产物。利用机械真空泵将反应室气压抽至 5 Pa 以下，随后通入反应气体至 50 kPa，通过再次抽真空确保反应室内的杂质气体完全去除。通入反应气体达到实验压强。开启水冷循环系统和起弧控制系统，设定引弧电流在 100 A，利用升降机调整两极距离，使其接触引发起弧反应。通过控制起弧保持电压稳定在 20 V，反应时间在 5 min，结束引弧放电。通入高纯度氩气至 60 kPa，钝化产物 6 h，打开反应室，在冷凝壁上收集产物。

2.2.3 Sm^{2+} 掺杂 AlN 纳米分支结构的制备过程

通过上述所示等离子体辅助电弧放电装置，以 Al 粉（纯度为 99.9%）和 Sm_2O_3（纯度约为 99.99%）作为初始原料，以 Al 和 Sm 100∶1 的摩尔比例混合，放在玛瑙研钵中将反应原料混合均匀，利用模具压制成锭，放在石墨坩埚内，作为阳极。直径 5 mm、高 25 cm 的钨杆（纯度约为 99.99%）作为阴极。用玻璃罩与密封胶圈将反应室密封完全，防止漏气影响实验产物。利用真空泵对反应室内部进行抽真空（5 Pa 以下），然后将反应气体 N_2 引入反应室，直到压强达到 10 kPa。开启水冷循环系统和起弧控制系统，电流设置为 100 A，控制两电极之间的距离，使其接触起弧，电压保持在 20 V，放电 10 min，结束放电后，通入高纯度氩气至 40 kPa，钝化产物 6 h 后，在冷凝壁上对样品进行收集。

2.3 表征方法

X射线衍射分析技术（X-ray diffraction，XRD）是通过X射线衍射对样品进行扫描，利用得到的衍射数据合成衍射图谱，通过分析衍射图谱上的衍射峰与基本PDF卡片上峰值的形状和强度等信息获得样品的晶体种类、空间群和晶格常数等，是一种研究样品成分和内部原子或分子的结构形态等信息的重要手段。XRD是测量晶体内部结构最简便、应用最为广泛，也是最重要的技术手段。本书中介绍Ce^{3+}、Eu^{2+}、Sm^{2+}掺杂氮化铝纳米材料采用Rigaku D/Max γA型X射线衍射仪，Cu $K\alpha$辐射，$K=0.154065$ nm，管电压为40 kV，管电流为40 mA，扫描速度为1 ℃/min，以及丹东浩元仪器有限公司DX-2700BH型X射线衍射仪完成测试，额定电压为40 kV，额定电流为30 mA，扫描速率为0.03(°)/s，扫描时长为0.2 s，扫描范围为10°~80°。通过对测得样品的XRD图谱与标准卡片进行对照来分析所合成样品是否为单相结构。

X射线光电子能谱（XPS）是利用具有一定能量的X射线照射样品表面，X射线具有很强的穿透能力，当光子的能量超过核外电子的束缚能，内层电子挣脱束缚被激发，剩余的能量作为电子的动能被采集，从而可知元素的种类、原子的结合状态等信息。本书实验采用VG-ESC A-LAB-MK II简易ESC A光谱仪。

扫描电子显微镜（scanning electron microscope，SEM）通常用于对纳米材料或薄膜材料等物质进行形貌分析，是一种用来研究样品形貌结构和表面材料的物质性能的有效手段。扫描电镜的样品制备方法是直接将固体或液体样品转移到导电胶、导电的ITO玻璃或单晶硅片上。使用扫描电子显微镜对样品进行测试时，通过极狭窄的电子束和样品的相互作用产生各种效应，达到扫描样品的功能，其中主要是样品的二次电子发射，激发出物理光电信号，通过对这些信息的接受、放大和显示成像，获得测试样品的表面形貌。能谱分析仪（energy dispersive spectrometer，EDS）是用来检测样品中元素种类及元素含量的仪器，通常情况下两者（SEM和EDS）搭配使用。本书制备的所有样品的形貌与能谱信息测试结果均通过日本日立有限公司HITACHI S-4800型场发射扫描电子显微镜。

透射电子显微镜是把加速和聚集的电子束投射到非常薄的样品上，电子与样品中的原子碰撞而改变方向，从而产生立体角散射。散射角的大小与样品的密度、厚度相关，因此可以形成明暗不同的影像。通过在透射电子显微镜非常高的放大倍数下可以直接观察到纳米材料的细微形貌、结构等信息，高分辨率的透射电镜更可以直观地看到纳米材料的晶格结构、缺陷种类、晶面取向等特征。本书实验采用日本HITACHI-8100V透射电子显微镜。

光致发光(PL)光谱是样品吸收一定波长的入射光而产生的特征发光谱线。实验设备操作简单，可以快速、便捷地表征材料的发光性能，根据发光光谱可以对材料的内部结构和缺陷进行分析。本书中所有样品的光致发光光谱均采用爱丁堡 FS5 荧光分光光度计测试完成，采用 FLS-920T 荧光分光光度计测量光致发光衰减曲线。

拉曼光谱是利用入射光频率不同的散射光谱进行分析来得到分子振动、转动方面信息，并对分子结构进行研究分析的一种方法。本书实验中拉曼光谱采用加热高温高压共聚焦拉曼散射系统，是由法国 JR 公司生产的 HR800 型号拉曼仪器，激光波长为 532 nm。

2.4 高压实验仪器与方法

高压物理学的发展在很大程度上依赖于高压实验技术的发展，高压实验技术的应用给科学和工业界带来了一个除温度和组分外的新维度。此外，高压实验技术在矿物科学、地球科学、生物、食品、制药等领域都有着广泛的应用前景。在压强的作用下，物质内部的分子或原子间的距离会发生改变，从而改变物质内部的电子分布、能带结构等，进而宏观上影响材料的力、热、电、光等物理性质；当所施加的能量超过物质自身化学键的能量时，化学键会解离形成新的化学键，使得物质发生晶体结构以及电子结构的相变，进而形成具有不寻常性质的新材料。因此，高压实验技术已经成为一种探究物质在高压下结构稳定性以及研究物质新现象、新规律、新性质的有效手段。

金刚石对顶砧压机（diamond anvil cell，DAC）是现代高压实验技术中最为重要的高压实验装置之一。它的最基本的原理就在于利用两个金刚石的砧面对样品腔进行挤压，从而在样品腔内产生高压［见图 2-2（a）］。本书的高压同步辐射

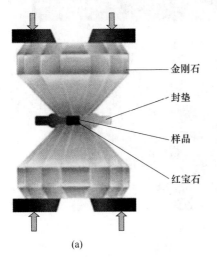
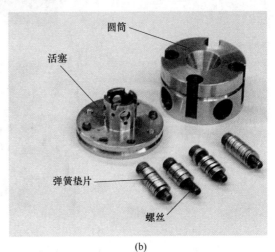

图 2-2　金刚石对顶砧高压实验装置示意图（a）和实拍图（b）

X射线衍射实验是利用本实验室研制的改进型对称式（symmetric-type）DAC高压装置完成的［见图2-2（b）］。该装置通过旋拧两组对称的左右旋转螺丝，依靠旋转螺丝挤压弹簧垫片使垫片产生张力，进而使分别固定在压机的活塞和圆筒上的两块金刚石相互挤压，从而产生高压。这种对称型DAC机身厚、强度大、导向面积大、平行度高，适用于超高压强，是目前通用的金刚石对顶砧高压装置[55]。

如图2-2（a）所示，在两个金刚石相对的砧面中间区域放置有一块圆形的密封垫片，通常是T301钢片和铼片等金属材料。密封垫片的作用是在其受压过程中，金刚石周围产生的环形山状的突起部分可以对金刚石起到一种侧向支撑作用；同时，密封垫片通常带有一个直径为70～100 μm的小孔，孔中除放置样品、标压物质外，还放有传压介质，使压腔内保持较好的静水压强。本书的高压实验使用的传压介质分别是体积比为4∶1的甲醇、乙醇混合液以及体积比为16∶3∶1的甲醇、乙醇和水的混合液，采用的标压物质是红宝石[56]。

本书中 Ce^{3+} 掺杂 AlN 分级纳米结构在美国芝加哥的 Argonne 国家实验室（APS）的先进同步辐射光源、角分散同步加速器 X 射线源（0.0434 nm）进行原位高压 X 射线衍射（XRD）测量（如图2-3所示）。Eu^{2+} 掺杂 AlN 纳米线在北京高压同

图2-3　美国芝加哥的 Argonne 国家实验室
(a) 同步辐射的组成部分；(b) 外观；(c) 实验大厅；(d) 装备仪器的扇区

步辐射装置（BSRF）中的 4W2 高压站中进行（如图 2-4 所示）。实验中使用 MAR345CCD 接收屏作为衍射信号的接收器，同步辐射单色 X 射线的波长为 0.06199 nm，所测样品的 X 射线衍射数据通过 FIT2D 软件转换得到。

图 2-4　北京角分散同步辐射 X 射线衍射装置

本书实验中高压荧光光谱选用 Ocean Optics、QE65000 分光光度仪，使用 355 nm 波长的 DPSS UV 激光作为激发线，使用 Ar^+ 线激发在 488 nm 的拉曼光谱仪（JY-HR800，如图 2-5 所示）获得高压拉曼光谱。

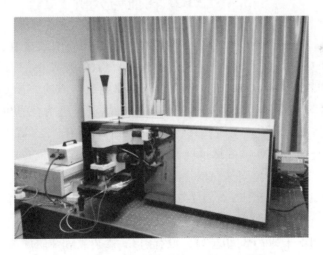

图 2-5　JY-HR800 共聚焦显微拉曼光谱仪

3 AlN:Ce 分级纳米结构的制备与表征

近年来，AlN 作为一种稀土掺杂的荧光粉基体已经得到了广泛的研究，而大多数掺稀土的 AlN 的荧光材料的发光范围主要取决于所掺杂的稀土元素特性。在稀土离子中，由于 Ce^{3+} 可在紫外线至蓝光区域高效发光，因此受到特别关注。众所周知，具有结构复杂性和更高功能性的分级纳米结构在纳米设备上的应用吸引了人们的兴趣[57-58]。而由于 Ce^{3+} 与 Al^{3+} 的离子半径相差较大，很难制备成功，正需探索一种高效简便的合成手段。因此，利用直流电弧法成功制备 AlN:Ce^{3+} 分级纳米材料，使 Ce^{3+} 的光学特性和 AlN 特性相结合，并具备纳米分级材料的结构优势，在提高材料性能、扩展应用前景方面有重要意义。

3.1 XRD 表征与分析

在本章节，通过直流电弧等离子体辅助法调节实验中微量氧杂质引入的比例，样品 AlN:Ce（O 0.8%）为无氧杂质的 AlN:Ce 分级纳米结构，样品 AlN:Ce（O 1.2%）和 AlN:Ce（O 6.1%）分别为不同微量氧杂质的 AlN:Ce 分级纳米结构，实验原料均为 Al（纯度为 99.999%）和 CeO_2（纯度为 99.99%）粉末，Al 与 Ce 摩尔比为 100∶1，实验气体环境分别为 30 kPa NH_3、25 kPa N_2 + 5 kPa O_2 和 15 kPa N_2 + 15 kPa O_2，气体纯度为 99.99%。

为探究氧杂质参与度对于 AlN 晶体结构的影响，不同氧杂质参与度的样品 AlN:Ce（O 0.8%）、AlN:Ce（O 1.2%）、AlN:Ce（O 6.1%）的 XRD 对比如图 3-1 所示，可以看出，样品都对应六方纤锌矿 AlN 结构，相应的空间群为 $P6_3mc$(186)（PDF 卡 No.08-0262），没有因 Ce 掺杂或氧杂质的参与而出现其他杂峰。X 射线衍射峰均向小角度发生偏移，这是由于 Ce 离子的半径与 Al 离子相差很大，Ce 离子掺杂进氮化铝晶格后，晶格发生了膨胀，晶面间距增大。对比来看，氧离子半径较小，容易替代 N 离子，但氧杂质的引入并没有使 X 射线衍射峰发生明显偏移，说明室温常压下，宿主中适量引入不同比例的氧杂质并不会引起晶格膨胀，AlN 晶格的稳定性几乎没有影响。为最大程度上避免氧杂质的影响，使用 NH_3 制备的无氧杂质的样品 AlN:Ce（O 0.8%）相比于样品 AlN:Ce

（O 1.2%）和 AlN: Ce（O 6.1%）具有更加明显的结晶取向，Al（O）N: Ce 样品没有明显的优先取向。这与 2018 年 Giba 等发现含有 Ce-Al（O）N_2% 相比于 Ce-Al（O）N_7% 的样品 c 轴沿生长方向上有更好的取向的现象类似[48]。

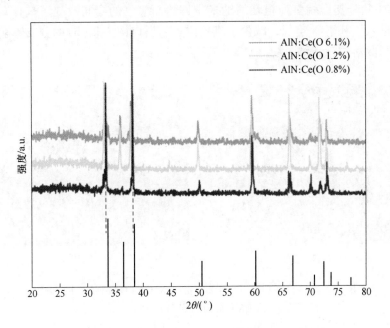

图 3-1　样品 AlN: Ce（O 0.8%）、AlN: Ce（O 1.2%）、
AlN: Ce（O 6.1%）的 XRD 图谱

3.2　SEM 和 EDS 表征与分析

样品的 SEM 图谱如图 3-2 所示，实验中共得到两种样品形貌，如图 3-2(a)(b) 所示。AlN: Ce（O 0.8%）的形貌如图 3-2（a）所示；AlN: Ce（O 1.2%）和 AlN: Ce(O 6.1%)分级纳米结构的形貌，即样品 2、3 的形貌一致，如图 3-2（b）所示。图 3-2（a）的分级结构由垛堞交错的纳米线或纳米带构成，沿晶体主干轴辐射不规则的纳米带分支，分支纳米带长度在 40 nm ~ 1 μm 不等、宽 10 ~ 20 nm，晶轴主干长约 20 μm、宽 0.2 ~ 3 μm。图 3-2（b）分级结构是针状纳米线，主干长 10 ~ 25 μm，纳米级分支细密均匀向外辐射。非动力学平衡且过饱和度的生长条件有助于分级纳米结构的生长。实验中高温、高 N_2 或 NH_3 压强为 AlN: Ce^{3+} 的生长提供了过饱和度，非动力学平衡的条件使其生长成为分级纳米结构[59]。高能量的电弧放电等离子体在反应室中提供了陡峭的温度梯度和热对流，可以有效地合成分级纳米结构。另外，Ce 离子的掺杂导致 Al 和 N 空位浓度变

大。这些缺陷可以作为分支生长的新的成核位点。因此,电弧放电法很容易制备 AlN: Ce^{3+} 分级纳米结构。而两种形貌的不同应该是由气体环境不同导致的,由于 Ce 的掺杂导致空位浓度大且聚集,分支的新成核位点自然也随之增多,所以图 3-2(a)中的分支形貌多为粗壮的纳米带,然而氧气的参与改变了气体环境,氧杂质的进入填补了 N 空位,减少了成核位点,所以图 3-2(b)的分支形貌是细密而无规则散落的针状纳米线。

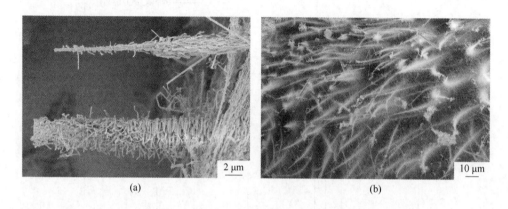

图 3-2 AlN: Ce(O 0.8%)(a) 和 AlN: Ce(O 6.1%)(b) 分级纳米结构的 SEM 图谱

样品 1、2、3 的 EDS 能谱分别如图 3-3(a)~(c)所示。定量分析表明,无氧杂质的样品 1 和引入氧杂质的样品 2、3 掺杂的 Ce^{3+} 在 AlN 中的元素原子数分数分别约为 1.09%、0.99%、1.12%,而氧元素原子数分数大约为 0.8%、1.2%、6.1%,怀疑在样品 AlN: Ce(O 0.8%)中探测到的(低氧含量)氧元素来源于测量环境下的空气。

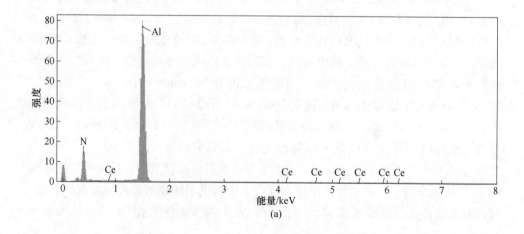

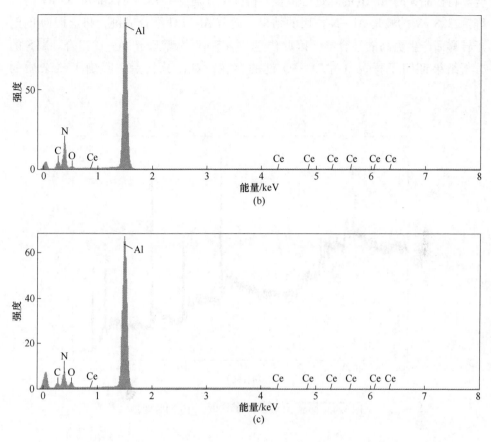

图 3-3 样品 AlN:Ce（O 0.8%）(a)、AlN:Ce（O 1.2%）(b)、
AlN:Ce（O 6.1%）(c) 的 EDS 能谱

3.3 XPS 表征与分析

XPS 测量是表征电子结构和组成的有效工具。样品 AlN:Ce（O 0.8%）的扫描 XPS 图谱如图 3-4 所示，除了 C 1s 和 O 1s 峰外，Al 2p、Al 2s 和 N 1s 也显示出强峰，样品 AlN:Ce（O 1.2%）、AlN:Ce（O 6.1%）与此相同。选用样品 AlN:Ce（O 0.8%）与样品 AlN:Ce（O 6.1%），即以实验中不引入和引入氧杂质的两个极端情况作为对比。利用 Al 2p 的 XPS 图谱分析样品中 Al 的键合状态，分别如图 3-5 (a) 和图 3-5 (b) 所示。图谱中的 Al 2p 的峰代表了在纤锌矿 AlN 中 Al 的结合能，样品 1 的 Al 2p 峰强度为 73.5 eV，源于纤锌矿 AlN 中的 Al—N 键

合。将样品 3 的 Al 2p 的峰进行拟合，得到了分别位于 73.8 eV 和 74.85 eV 的两峰。73.8 eV 的峰是 Al—N 作用的结果。而若 Al 与 O 结合成键，将会因 O 的电子转移而产生更高的结合能。因此位于 74.85 eV 的峰源于 Al—O 键合。XPS 的分析结果证明了样品 3 中 Al—O 键的存在，对比分析后，明确了氧杂质的引入[60]。

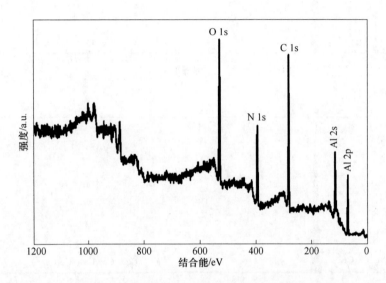

图 3-4　样品 AlN:Ce（O 0.8%）的 XPS 图谱

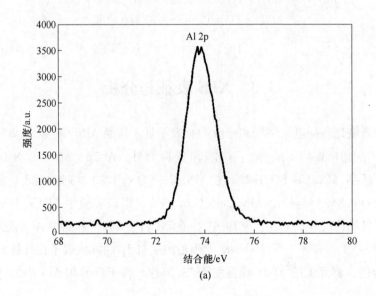

(a)

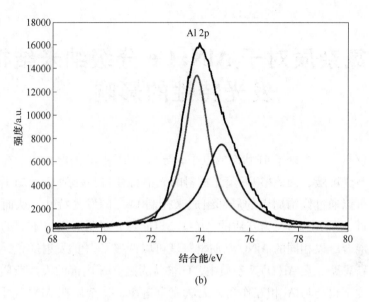

图 3-5　样品 AlN: Ce（O 0.8%）(a) 和样品
AlN: Ce（O 6.1%）(b) Al 2p 的 XPS 图谱

3.4　本章小结

在本章，通过直流电弧等离子体辅助法成功制备了无氧杂质样品 AlN: Ce（O 0.8%）与引入微量氧杂质的样品 AlN: Ce（O 1.2%）、AlN: Ce（O 6.1%）。通过 XRD 与 SEM 对样品的结构和形貌进行了表征，简单分析了氧杂质的引入对样品晶格结构与形貌的影响。结果表明，样品都为纤锌矿 AlN 结构，氧杂质的引入不会影响 AlN 的晶格结构，但无氧杂质引入时，分级结构的晶格生长取向更加明显。样品形貌都为分级纳米结构，但由于实验气体环境不同，无氧杂质状态下的纳米带分支更加粗壮，而在氧杂质参与下，空位缺陷浓度减小，分支成核点减少，纳米分支为散乱细密的针状纳米线。利用 EDS，简单对比了 3 种样品的 Ce 离子和 O 元素占比。利用 XPS 对比分析了样品 AlN: Ce（O 1.2%）和 AlN: Ce（O 6.1%）的 Al 的键合状态，XPS 证明样品 AlN: Ce（O 1.2%）中只存在 Al—N 键，而样品 3 中存在 Al—N 和 Al—O 键，证明了氧杂质的引入。

4 氧杂质对于 AlN:Ce 分级纳米结构的发光特性的影响

Ce^{3+} 仅具有一个处于 4f 状态的电子，导致激发到 5d 的电子由于宿主晶体场效应变得不受屏蔽，因此掺 Ce 荧光材料的光谱特性将会受到 Ce^{3+} 周围环境的强烈影响。可以通过修饰周围的局部组成来控制 Ce^{3+} 的发光特性，从而调节发光颜色。最近，以 Al(O)N 为基质的 Al(O)N:Ce 荧光材料无需将不同的材料与几种磷光体混合，以相同的 AlNO 基质材料就可以调整 Ce^{3+} 的发射颜色，为合成白光提供了新思路。在 Al(O)N 基质中，O 被认为是 AlN 内部的天然杂质，即使在很低的浓度下也能与 Al 相互作用，无法完全避免，O 杂质在 AlN 中可以改变其晶体场，进而影响 Ce^{3+} 的发光特性[27,42-43]。本章通过 PL 光谱表征了红光样品 AlN:Ce(O 0.8%)、黄绿光样品 AlN:Ce(O 1.2%) 和蓝光样品 AlN:Ce(O 6.1%) 的光学特性，对比分析了有氧杂质和无氧杂质对 AlN:Ce 的发光特性的影响。

4.1 激发与发射光谱分析

图 4-1 为样品的激发光谱，在样品 AlN:Ce(O 0.8%) 中只观察到了 1 个激发峰，位于 320 nm，源于 Ce^{3+} 的 $^2F_{5/2}$—5d 电子跃迁；而样品 AlN:Ce(O 1.2%) 和样品 AlN:Ce(O 6.1%) 均有 3 个激发峰，分别位于 277 nm、313 nm、360 nm 和 279 nm、308 nm、369 nm。图 4-1(b) 中 277 nm 的激发峰和图 4-1(c) 中 279 nm 的激发峰是由于引入氧杂质造成的复合点缺陷（V_{Al}–$2O_N$）的吸收，因此仅存在于引入氧杂质的样品 2、3 中[61]。而图 4-1(b) 的 313 nm、360 nm 处的峰与图 4-1(c) 的 308 nm、369 nm 处的峰，与之前报道中的激发峰位基本一致，这与 Ce^{3+} 因 5d 的晶体场分裂而导致的 4f—5d 的电子跃迁对应[62]。当 Ce^{3+} 的 $4f_1$ 组态激发至 5d 轨道，$4f_1$ 会因自旋耦合而分裂成两个支项 $^2F_{5/2}$ 和 $^2F_{7/2}$，根据峰位，合理推断图 4-1(b) 和图 4-1(c) 中的两峰应该是源于 $^2F_{5/2}$—$^2D_{5/2}$ 和 $^2F_{7/2}$—$^2D_{5/2}$[63]。

从 XRD 综合分析来看，常压室温下，氧杂质的引入不会破坏 AlN 稳定良好的晶格结构。这为在保证 AlN:Ce 晶格稳定性的前提下，通过控制 AlN 基体中的氧杂质含量从而调节 AlN:Ce 分级纳米结构材料的发光特性提供了可能性。样品 AlN:Ce(O 0.8%)、AlN:Ce(O 1.2%) 和 AlN:Ce(O 6.1%) 的 PL 发射光谱

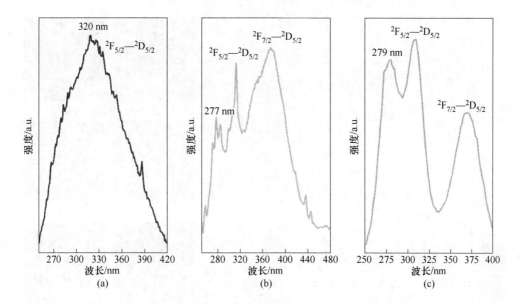

图 4-1 不同氧杂质浓度的 AlN:Ce 激发光谱

(a) 样品 AlN:Ce (O 0.8%); (b) 样品 AlN:Ce (O 1.2%); (c) 样品 AlN:Ce (O 6.1%)

如图 4-2 (a) 所示。在之前的研究中,AlN:Ce 的 PL 光谱一般具有红光发射或蓝光发射。众所周知,电子云重排效应和 5d 荧光离子的晶体场分裂会对 AlN:Ce 的 PL 光谱的发光中心产生显著影响。而在引入氧杂质的 AlN:Ce 中一般会观察到蓝光发射。但是在本书实验中,用 NH_3 合成样品 AlN:Ce (O 0.8%) 可以尽可能有效地减少氧杂质,得到纯净的 AlN:Ce 纳米分级材料。因此 AlN:Ce 发射峰的形状和位置与以前报道过的 AlN:Ce 粉红色单晶相似,发光中心位于 600 nm[43]。样品在 254 nm 和 380 nm 紫外光下为明显的亮红色和暗红色,如图 4-2 (e) 和图 4-2 (h) 所示。Ishikawa 等认为铝空位 (V_{Al}) 与附近的 Ce_{Al} (Al 位点上的 Ce 取代) 连接可以在 AlN:Ce 单晶中形成复杂且稳定的缺陷结构 (Ce_{Al}-V_{Al}),并实验证实了 AlN:Ce 的发光中心为中性 Ce_{Al}[43]。因此,样品 AlN:Ce (O 0.8%) 的 PL 发射峰同样可以归因于 AlN 中 Ce^{3+} 的 5d 到 $^2F_{5/2}$ 电子跃迁[64]。而引入氧杂质的样品 AlN:Ce (O 1.2%) 和 AlN:Ce (O 6.1%) 的发光中心则落在蓝光到黄光的波段内。这种荧光源于 Al(O)N 基质中分离出的 Ce^{3+} 的 5d 到 $^2F_{7/2}$ 电子跃迁[64]。$^2F_{5/2}$ 与 $^2F_{7/2}$ 的能量差一般为 2000 cm^{-1},但在图 4-2 中可以看出二者之间的能量差远大于此,这可能是由样品的氧杂质引入的程度不同、晶体场环境相差较大导致的[63]。事实上,随着氧杂质引入程度增大,Ce^{3+} 裸露的 5d 电子周围的局部环境发生了变化,Ce^{3+} 周围 O 与 N 之间的局部配位比的改变使 5d 能级向高能级转移幅度增大,因此相对于黄绿光样品 AlN:Ce (O 1.2%),AlN:Ce

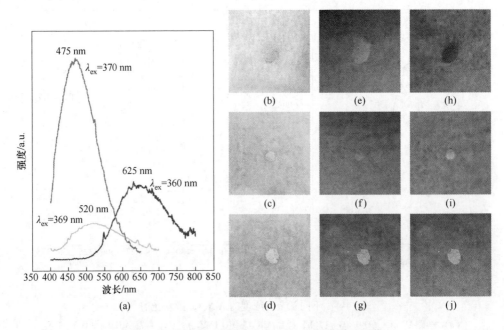

图 4-2　不同氧杂质浓度的 AlN:Ce 发射光谱及图像

(a) 样品 AlN:Ce(O 0.8%)、AlN:Ce(O 1.2%)和 AlN:Ce(O 6.1%)的
PL 发射光谱；(b) 白光下 AlN:Ce (O 0.8%) 图像；(c) 白光下
AlN:Ce (O 1.2%) 图像；(d) 白光下 AlN:Ce (O 6.1%) 图像；
(e) 254 nm 紫外光下 AlN:Ce (O 0.8%) 图像；(f) 254 nm
紫外光下 AlN:Ce (O 1.2%) 图像；(g) 254 nm 紫外光下
AlN:Ce (O 6.1%) 图像；(h) 380 nm 紫外光下
AlN:Ce (O 0.8%) 图像；(i) 380 nm 紫外光下
AlN:Ce (O 1.2%) 图像；(j) 380 nm 紫外光下
AlN:Ce (O 6.1%) 图像

图 4-2 彩图

(O 6.1%) 的发光中心发生了蓝移，这种峰位的移动也直接导致了样品由黄绿色到蓝绿色的荧光转变[65]。380 nm 紫外光下，可明显观测到黄绿光样品 AlN:Ce (O 1.2%) 和蓝光样品 AlN:Ce (O 6.1%)，且样品 AlN:Ce (O 6.1%) 的荧光强度远高于样品 AlN:Ce (O 1.2%)，这是由于稀土离子在被强电负性配体场包围时，可以显著增强光发射强度。随着氧杂质引入程度增大，改变稀土离子局部的环境可以为 Ce^{3+} 提供更有效的激发和发射途径[66]，因此随着氧杂质的引入浓度增加，荧光强度明显增强。在能量传输过程中，杂质能级可作为能量存储中心，杂质能级的非辐射跃迁有利于荧光强度的提高，Ce 掺杂会导致大量的空位缺陷，Giba 等认为高浓度的 V_{Al} 会导致高密度的 V_{Al}-O_N，活化更多的 Ce^{3+}，增强荧光强度。而黄绿光样品 AlN:Ce (O 1.2%) 相比于样品 AlN:Ce (O 0.8%)，荧光强度明显降低，这很有可能是由氧杂质的突然引入降低了空位缺陷浓度及晶格不对称增加导致的[67-68]。

4.2 有无氧杂质参与对于荧光温度稳定性的影响

为探究有无氧杂质参与对于荧光温度稳定性的影响，选取了荧光强度稳定、可对比性强的无氧杂质的红光样品 AlN: Ce（O 0.8%）和蓝光样品 AlN: Ce（O 6.1%）进行实验。图 4-3 展示了在 320 nm 和 360 nm 波长激发下，两种样品在 25~225 ℃范围下的温度依赖性 PL 光谱。图 4-3（a）为无氧杂质的红色样品 AlN: Ce（O 0.8%），图 4-3（b）为实验中氧杂质参与度最大的蓝光样品 AlN: Ce（O 6.1%）。样品 AlN: Ce（O 0.8%）的发射强度随着温度的升高而降低。一般认为，温度可以诱导发射光猝灭行为归因于在较高温度下非辐射复合过程的增加，如声子和晶格振动的增加。在这种情况下，样品 AlN: Ce（O 0.8%）的发射强度不仅与非辐射跃迁过程有关，还与施主-受体对和重组体的分布函数和离子跃迁概率有关。由于 Ce^{3+} 外壳层 5d 电子的裸露，5d—4f 跃迁受晶体场影响十分

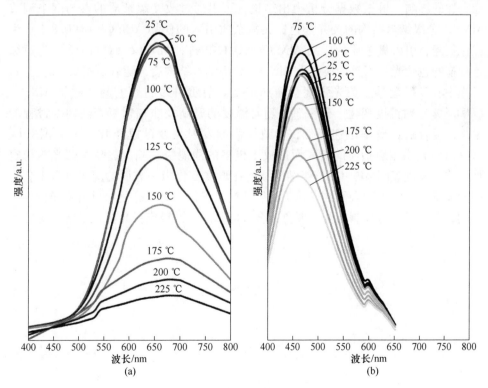

图 4-3　样品 AlN: Ce（O 0.8%）(a) 和样品 AlN: Ce（O 6.1%）(b)
在不同温度下的 PL 光谱

明显。随着温度的升高及非辐射复合或转变过程的增加，复合跃迁概率迅速降低，导致样品的发射强度迅速降低。与此相反，可以从图4-3（b）看出蓝光样品AlN: Ce（O 6.1%）呈现出了反常的热稳定性现象，出现了先升高再降低的趋势，形成这种反常热稳定性现象的原因可能是氧杂质的参与在晶体中形成了许多较浅的陷阱，当在室温下激发时，电子将会进入这些缺陷的浅陷阱中被"储存"起来，但是陷阱深度较小，到75℃时，陷阱中的电子进行热运动被"释放"出来，由激发态回到基态的电子数相对于25℃时变多，因此出现热稳定性反常的现象[69]。当温度升高到225 ℃时，无氧杂质的红色荧光样品AlN: Ce（O 0.8%）的荧光发射强度保持在其初始值的14.76%，而样品AlN: Ce（O 6.1%）的荧光发射强度保持在54.01%。这说明氧杂质的参与提高了AlN: Ce分级纳米结构的荧光热稳定性。

4.3 本章小结

本章研究了引入不同的微量氧杂质对AlN: Ce分级纳米结构的发光和荧光热稳定性的影响。根据数据分析得出结论，可以通过改变氧杂质的参与度来调节AlN: Ce分级纳米结构的荧光颜色，无氧杂质引入的样品AlN: Ce（O 0.8%）为红色荧光，引入氧杂质的样品AlN: Ce（O 1.2%）、AlN: Ce（O 6.1%）为黄绿色和蓝绿色荧光。当氧杂质引入AlN: Ce分级纳米结构后，随氧杂质浓度的提高，发光中心发生蓝移，荧光强度会增加。无氧杂质引入的红色荧光样品AlN: Ce（O 0.8%）对温度变化十分敏感，随着温度的升高及非辐射复合或转变过程的增加，复合跃迁概率迅速降低，导致样品的发射强度迅速降低。样品AlN: Ce（O 6.1%）由于氧杂质的引入而形成了更多的浅能级缺陷，提高了荧光热稳定性。这一发现表明AlN: Ce分级纳米结构在温度变化指示方面的应用具有十分广阔的前景，可以帮助人们更好地了解氧杂质对于稀土离子氮化物材料发光特性的作用，并为开发可控制的荧光颜色、合成同基质下的稳定白光打开了新的窗口。

5 AlN:Ce 分级纳米结构的高压物性分析

AlN:Ce 有较为优秀的发光特性，AlN 基体具有优良的热稳定性和化学稳定性，耐腐蚀性较好，可应用于场发射器件和光电器件领域，但目前还没有关于 AlN:Ce 的高压物性分析。AlN:Ce 分级纳米结构中的氧杂质对高压下物性变化的影响也值得探讨。

通过压致发光的变化来推断晶体场环境的变化和晶体结构的变化是常用的手段，本书通过高压下一系列光致发光的变化来观察对比 AlN:Ce 荧光的稳定性，探究高压下 AlN:Ce 纳米分级材料晶体结构的稳定性。

5.1 原位高压 X 射线衍射

5.1.1 原位高压 X 射线衍射图谱

为对比氧杂质对于高压物相变化的影响，本书选取了无氧杂质红色荧光样品 AlN:Ce（O 0.8%）和蓝光样品 AlN:Ce（O 6.1%）进行高压物相分析。图 5-1 为红光样品 AlN:Ce（O 0.8%）和蓝光样品 AlN:Ce（O 6.1%）在不同压强下的原位散角 X 射线衍射图谱，压强变化范围在 1.5~44.4 GPa。计算常压下 AlN:Ce 分级纳米结构的晶格常数为 $a=0.31117$ nm，$c=0.497787$ nm。如图 5-1（a）所示，在 1.5 GPa 下，样品 1 的衍射峰为纤锌矿 AlN 结构，对应晶面分别为（100）、（002）、（101）、（102）、（110）。随着压强的增加，样品 AlN:Ce（O 0.8%）的衍射峰变宽且强度降低并逐渐向大角度发生偏移，在 6.8 GPa 处有新的立方相（200）、（311）、（222）衍射峰产生，并于六方相（103）峰附近的角度生成了立方相（220）峰。在 6.8 GPa 后，（103）峰强度逐渐减弱，AlN 立方相（220）衍射峰强度开始增加。纤锌矿 AlN 结构的衍射峰强度逐渐减弱表明随着压强的增加，样品 AlN:Ce（O 0.8%）的晶格间距变短，晶体无序性增加，但在一定压强范围内，样品 AlN:Ce（O 0.8%）的纤锌矿结构仍保持着相对的稳定性，此时晶体是六方相与立方相共存的。在压强达到 18.6 GPa 之后，纤锌矿 AlN 结构的衍射峰不再显现，说明已经完全相变。图 5-1（b）是含有氧杂质的蓝光样品 AlN:Ce（O 6.1%）的 X 射线衍射图谱，在 2.07~18.09 GPa，AlN 保持着良好的纤锌矿 AlN 结构，18.09 GPa 开始出现 AlN 立方岩盐矿(311)晶面，

19.82 GPa 后晶格保持立方相结构。相比于不含氧杂质的样品 AlN: Ce (O 0.8%)，样品 AlN: Ce (O 6.1%) 有着更高的高压相变点和更加稳定的晶格结构。分析两种荧光材料卸压后的衍射图谱，卸压后晶体保持着立方相结构，说明相变是不可逆的，峰位相比于高压状态出现了向低角度偏移的现象。

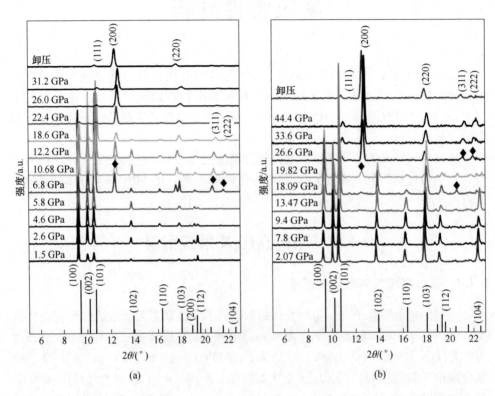

图 5-1　样品 AlN: Ce (O 0.8%)(a) 和样品 AlN: Ce (O 6.1%)(b) 的 X 射线衍射图谱

5.1.2　晶格间距变化

为了进一步分析压强对样品的影响，根据所得材料不同压强下的原位散角 X 射线衍射图谱，计算出了逐渐增加的压强下的纤锌矿晶面间距。样品 AlN: Ce (O 0.8%) 和样品 AlN: Ce (O 6.1%) 的晶面间距都基本呈现随着压强的增加而减小的趋势。图 5-2 (a) 为不含氧杂质的样品 AlN: Ce (O 0.8%) 的晶面间距变化，在相变点 6.8 GPa 之后仍然保持着连续性，但样品的纤锌矿结构在 18.6 GPa 之前保持稳定，这表明在一定压强范围内，样品 AlN: Ce (O 0.8%) 的纤锌矿结构保持着相对的稳定性，此时的晶体是六方相与立方相共存的，随着压强的增加，样品 AlN: Ce (O 0.8%) 的晶格间距变短，晶体无序性增加，这与同步辐射中观测到的相变压强一致。如图 5-2 (b) 所示，样品 AlN: Ce (O 6.1%) 在

18.09 GPa 和 19.82 GPa 时，(102)、(110) 分别开始出现了不连续性。(102) 和 (110) 晶面间距的不连续性开始的压强点与样品 AlN: Ce（O 6.1%）的相变压强（p_T）值一致，进一步证明了含氧杂质的样品 AlN: Ce（O 6.1%）的相变压强应为 18.09 GPa。

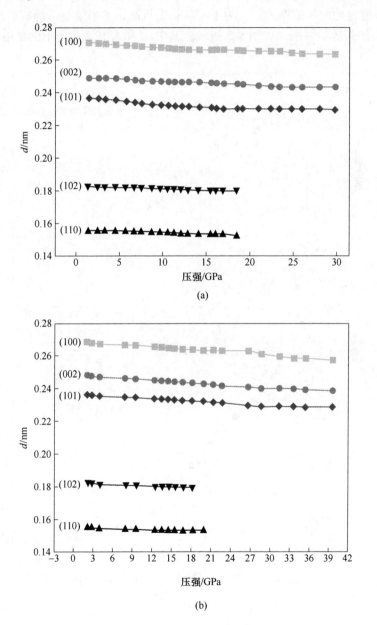

图 5-2　样品 AlN: Ce（O 0.8%）(a) 和样品 AlN: Ce（O 6.1%）(b) 的纤锌矿晶面间距随压强的变化

5.1.3 高压下的晶格常数变化

分析 a 轴和 c 轴的受压缩情况能更好地判断纳米材料主要承受压强的晶体方向,从而了解到纳米结构的耐压性能。晶体结构受压缩时,主要承担压强的晶体方向可以通过轴向压缩率表示。为了理解相变机制,本书绘制了纤锌矿相的 a/a_0 和 c/c_0 与压强的关系图,如图 5-3 所示,其中 a_0 和 c_0 代表常压下的晶格常数。从

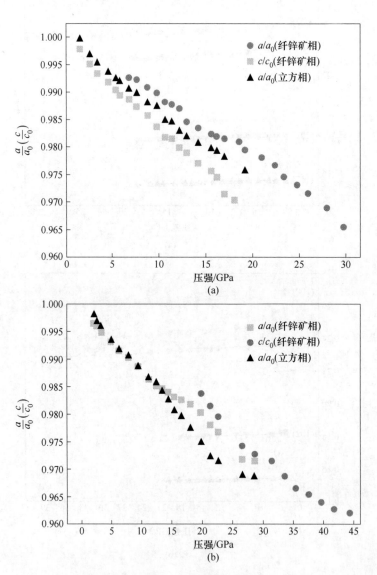

图 5-3 样品 AlN:Ce(O 0.8%)(a) 和样品 AlN:Ce(O 6.1%)(b) 的晶格常数与压强的关系图

图 5-3 中可以看出，样品 AlN: Ce（O 0.8%）和样品 AlN: Ce（O 6.1%）的 c 轴相变的压强依赖性程度高于 a 轴 [样品 AlN: Ce（O 0.8%）：$a \approx 0.00044$ nm/GPa，$c \approx 0.00079$ nm/GPa；样品 AlN: Ce（O 6.1%）：$a \approx 0.00029$ nm/GPa，$c \approx 0.00059$ nm/GPa]。样品 AlN: Ce（O 0.8%）的压强依赖性明显大于蓝光样品 AlN: Ce（O 6.1%）。

5.1.4 高压下的体积变化

图 5-4 为晶胞体积随着压强的变化关系图，样品 AlN: Ce（O 0.8%）在 6.8 GPa

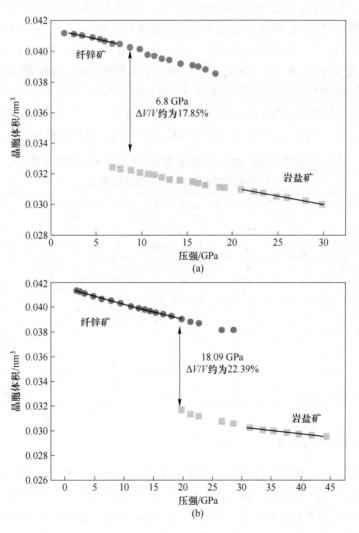

图 5-4　样品 AlN: Ce（O 0.8%）(a) 和样品 AlN: Ce（O 6.1%）(b) 的晶胞体积随压强的变化关系图

产生了相变,为了确定 AlN 的体弹模量 B_0,本书利用 Birch-Murnaghan 等温状态方程[2]:

$$p = \frac{3}{2}B_0\left[\left(\frac{V_0}{V}\right)^{7/3} - \left(\frac{V_0}{V}\right)^{5/3}\right] \times \left\{1 + \frac{3}{4}(B_0' - 4)\left[\left(\frac{V_0}{V}\right)^{2/3} - 1\right]\right\}$$

对样品 AlN: Ce(O 0.8%)的晶胞体积随压强变化的散点数据进行了拟合(其中 V_0 是常压时的晶胞体积,B_0 是体弹模量,B_0' 是体弹模量的一阶导数)。当 $B_0' = 4$ 时,得到了纤锌矿结构的样品 AlN: Ce(O 0.8%)的体弹模量与单胞体积 $B_0 = (293.75 \pm 28.60)$ GPa、$V_0 = 0.04149$ nm³,体积塌陷约为 17.85%。从图 5-4(b)可以看出样品 AlN: Ce(O 6.1%)在 18.09 GPa 时产生相变,结构相变时的体积塌陷为 22.39%。相比于未引入氧杂质的样品 AlN: Ce(O 0.8%),样品 AlN: Ce(O 6.1%)的体积塌陷更大。对样品 AlN: Ce(O 6.1%)的晶胞体积随压强的变化进行了拟合,得到了引入氧杂质的纤锌矿结构的样品 AlN: Ce(O 6.1%)的体弹模量与单胞体积 $B_0 = (277.65 \pm 3.5)$ GPa、$V_0 = 0.04194$ nm³。为了更好地了解样品 AlN: Ce(O 0.8%)和样品 AlN: Ce(O 6.1%)高压下的结构转变行为,笔者查阅了之前的文献的纤锌矿 AlN 材料,对比分析如表 5-1 所示。

表 5-1 不同形貌的 AlN 材料的相变压强转变点 p_T、体积塌陷 ΔV、纤锌矿的晶胞体积 V_0 及体弹模量 B_0

AlN 材料	相变压强 p_T/GPa	晶胞体积 V_0/nm³	体积塌陷 ΔV/%	体弹模量 B_0
AlN 体材料	20	0.04174	17.9	207.9 ± 6.3
AlN 纳米线	24.9	0.04226	20.0	303.0 ± 3.97
AlN 纳米晶	14.5	0.04209	20.5	321 ± 19
AlN: Co 纳米线	15.0	0.04215	20.0	245.0 ± 7.8
AlN: Y 纳米六棱柱	16.2	0.04194	19.3	230.7 ± 5.3
AlN: Eu 纳米线	18.78	0.0418	16.7	346.0 ± 26
AlN: Sc 纳米棱柱	18.6	0.04186	19.5	246.8 ± 6.8
红光 AlN: Ce(O 0.8%)	6.8	0.04149	17.85	293.75 ± 28.60
蓝光 AlN: Ce(O 6.1%)	18.09	0.04194	22.39	277.65 ± 3.5

5.1.5 对比分析与讨论

本书选用了荧光性质稳定的无氧杂质参与的样品 AlN: Ce(O 0.8%)和有氧杂质参与的蓝光样品 AlN: Ce(O 6.1%)作为对比,在实验压强 0 ~ 44.4 GPa 下,分别对原位同步辐射 X 射线衍射光谱、晶面间距、晶格常数和体弹模量进行了观测和分析。

首先,绘制了高压下的 X 射线衍射图谱,确定了两样品从纤锌矿到岩盐矿结

构的相变压强点 p_T 分别为 6.8 GPa 和 18.09 GPa。其中样品 AlN: Ce（O 0.8%）的转变压强 6.8 GPa 是目前观测到的 AlN 结构最低相变压强。而卸压后两种晶体都保持着立方结构，说明相变是不可逆的，峰位相比于高压状态下出现了向低角度偏移的现象，这是卸压后晶格膨胀导致的。通过记录压强下的晶格间距变化，观察晶面间距变化的连续性，再次验证了样品 AlN: Ce（O 0.8%）和样品 AlN: Ce（O 6.1%）从纤锌矿到岩盐矿的结构的 p_T 与 X 射线衍射图谱观测结果一致。对比相变压强点的差异，直接说明了压强作用下氧杂质参与的样品 AlN: Ce（O 6.1%）比样品 AlN: Ce（O 0.8%）结构更加稳定，可以认为氧杂质的引入增强了 AlN: Ce 纳米材料在压强作用下的晶格稳定性。通过分析晶格常数变化，可知样品 AlN: Ce（O 0.8%）的压强依赖性明显大于样品 AlN: Ce（O 6.1%），这再次验证了所引入的氧杂质增强了材料的晶格稳定性。

其次，通过高压下的晶胞体积变化，计算了六方 AlN 的体弹模量和相变时的体积塌陷值。样品 AlN: Ce（O 6.1%）结构相变时的体积塌陷为 22.39%。相比于未引入氧杂质样品 AlN: Ce（O 0.8%），样品 AlN: Ce（O 6.1%）的体积塌陷更大，认为这是样品 AlN: Ce（O 0.8%）的相变点较靠前的原因。纳米材料尺寸的减小可以导致材料表面积与体积的比值增加，从而产生高的表面能，体弹模量 B_0 增大；而掺杂会导致体弹模量 B_0 减小。AlN: Ce（O 0.8%）与 AlN: Ce（O 6.1%）的体弹模量分别为 $B_0 = (293.75 \pm 28.60)$ GPa 和 $B_0 = (277.65 \pm 3.5)$ GPa，是一维纳米结构与 Ce 掺杂共同作用的结果[52,54,70]。

相变压强点 p_T 预示着材料的结构发生变化，为了更好地分析样品 AlN: Ce（O 0.8%）和样品 AlN: Ce（O 6.1%）的相变压强点 p_T 的差异原因，将其与文献数据共同列于表 5-1 中进行对比。如表 5-1 所示，可以看出掺 Y、Co 的 AlN 纳米材料的相变压强点相比于体材料有所前移，说明掺杂会使 p_T 降低。因此分析认为掺杂的 Ce^{3+} 替代 Al^{3+} 进入 AlN 晶格，导致生成大量的 Al 空位和 N 空位缺陷，并且 Ce^{3+} 相比于 Y 离子、Co 离子与 Al 离子半径差异巨大，AlN 晶格产生了高度扭曲，大量的空位缺陷和高度的晶格扭曲共同导致了 AlN: Ce 晶格结构稳定性的急剧降低，因此相变压强点 p_T 提前至 6.8 GPa[71-72]。然而样品 AlN: Ce（O 6.1%）与之前掺杂 AlN 纳米材料相比，相变压强点 p_T 明显增大，更加接近于体材料。推测引入的氧杂质会在生长过程中填补空位缺陷，使得 Al 空位和 N 空位缺陷减少，增强结构稳定性。这与 AlN: Eu 纳米线中 Eu^{2+} 和 Eu^{3+} 混合价态下，Eu^{3+} 填补掺杂所产生的部分 Al 空位缺陷，增加了结构稳定性，使相变压强点 p_T 增大的作用是相似的[73-74]。然而掺杂 Ce 离子取代 Al 离子必然导致 AlN 晶格发生扭曲，产生空位缺陷，所以样品 AlN: Ce（O 6.1%）的相变压强点 p_T 降低。

综上所述，氧杂质的引入提高了相变压强点 p_T，增加了结构稳定性，对今后研究 Ce 掺杂 AlN 纳米材料的晶体结构、电子结构的调控机理，以及构造耐高压的 AlN: Ce 纳米材料有着重要意义。

5.2 AlN: Ce 分级纳米结构的高压荧光分析

5.2.1 高压荧光图谱

高压下的荧光图谱选用 JY-HR800 显微共聚焦拉曼光谱仪测得，使用 325 nm 波长的激光器作为激发线。通过最高达 30.25 GPa 的静水压强，得到了样品 AlN: Ce（O 0.8%）和样品 AlN: Ce（O 6.1%）高压下的荧光图谱，700 nm 处为红宝石压标的发光峰。如图 5-5 所示，红光样品 AlN: Ce（O 0.8%）的荧光峰在随着压强增加逐渐宽化的同时，出现了发光中心蓝移的现象，并在 6.15 GPa 之后，发光中心位置逐渐稳定；蓝光样品 AlN: Ce（O 6.1%）随着压强的增加，荧光峰逐渐宽化，发光中心红移不明显，相对稳定。图 5-6 是样品 AlN: Ce（O 0.8%）和 AlN: Ce（O 6.1%）的卸压荧光图谱，从图中可以看出恢复压强后，荧光基本无法恢复，说明材料在压强下的荧光猝灭是不可逆的。

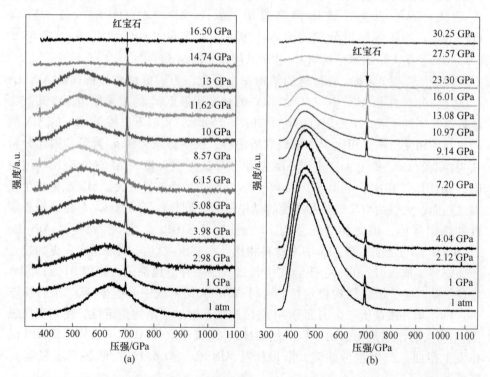

图 5-5 样品 AlN: Ce（O 0.8%）(a) 和样品 AlN: Ce（O 6.1%）(b) 高压下的荧光图谱
（1 atm = 1.01325 × 10^5 Pa）

5.2　AlN:Ce 分级纳米结构的高压荧光分析

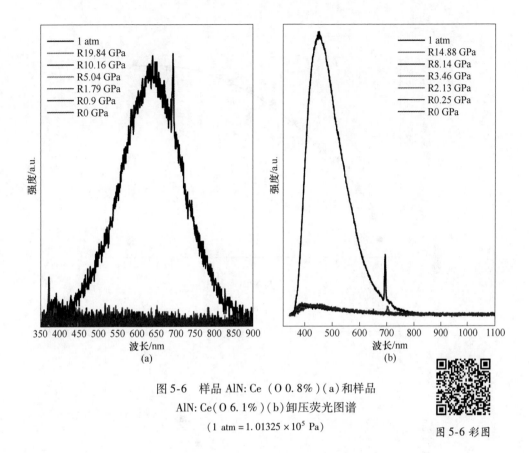

图 5-6　样品 AlN:Ce（O 0.8%）（a）和样品
AlN:Ce（O 6.1%）（b）卸压荧光图谱
（1 atm = 1.01325 × 10⁵ Pa）

图 5-6 彩图

5.2.2　压强下荧光峰半峰宽变化

压强下的半峰宽（FWHM）变化如图 5-7 所示，样品 AlN:Ce（O 0.8%）和样品 AlN:Ce（O 6.1%）的半峰宽（Γ）均随着压强的增加而增大。本书对两组散点数据进行了拟合。样品 AlN:Ce（O 0.8%）：$\Gamma = -0.76p^2 + 16.48p + 194.33$，$R^2 = 0.988$。样品 AlN:Ce（O 6.1%）：$\Gamma = 0.091p^2 + 0.366p + 134.08$，$R^2 = 0.978$。

5.2.3　压强下荧光中心变化

图 5-8 展示了样品 AlN:Ce（O 0.8%）和样品 AlN:Ce（O 6.1%）的发光中心在压强下的变化，观测到红色荧光样品 AlN:Ce（O 0.8%）的发光中心在 6.15 GPa 前发生蓝移，6.15 GPa 以后稳定；在 0～6.15 GPa，发光中心移动约 120 nm。对 6.15 GPa 之前的散点数据进行拟合：$\lambda = 175p^2 - 30.87p + 634.94$，$R^2 = 0.98$。可以看到蓝光样品 AlN:Ce（O 6.1%）的峰位偏移，在 0～30 GPa 的

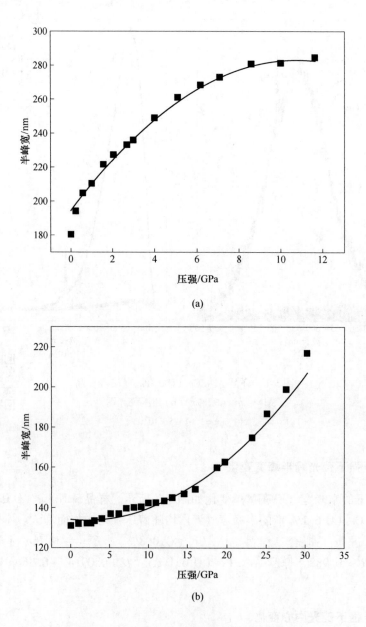

图 5-7 样品 AlN:Ce（O 0.8%）(a) 和样品 AlN:Ce（O 6.1%）(b) 在压强下的半峰宽变化

压强增益下，仅偏移 20 nm，发光中心总体稳定。通过线性拟合来表现压强与半峰宽的关系：$\lambda = 0.627p + 453.981$，$R^2 = 0.99$。算得压强下的峰位变化率为 0.627 nm/GPa，斜率的变化说明发生了相变。

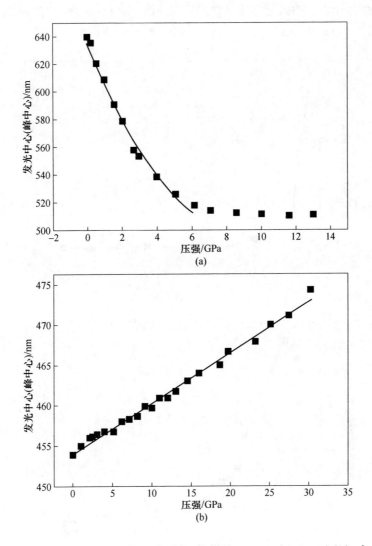

图 5-8　样品 AlN: Ce（O 0.8%）(a) 和样品 AlN: Ce（O 6.1%）(b) 在压强下的发光中心变化图

5.2.4　压强下荧光强度变化

高压下荧光强度的变化如图 5-9 所示。AlN: Ce（O 0.8%）和 AlN: Ce（O 6.1%）的荧光强度相差明显，压机内的红色荧光样品 AlN: Ce（O 0.8%）在常压下的荧光强度较低。样品 AlN: Ce（O 0.8%）的荧光强度随压强变化下降明显，含有氧杂质的蓝光样品 AlN: Ce（O 6.1%）的荧光强度随着压强的增大先增加后降低。图 5-10 为两样品在压强 0~15 kPa 下的荧光强度变化图像，从图中可以看出压强作用下,引入氧杂质的蓝光样品 AlN: Ce(O 6.1%)展现出了良好的荧光稳定性。

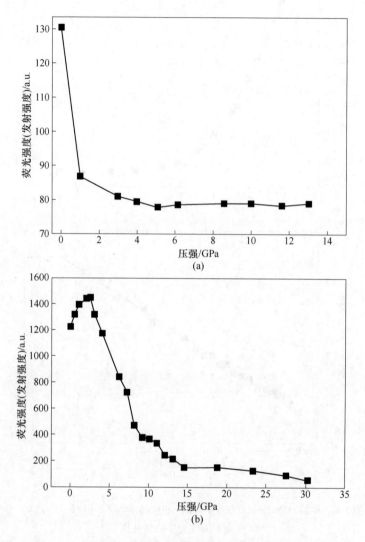

图 5-9 样品 AlN: Ce(O 0.8%)(a) 和样品 AlN: Ce(O 6.1%)(b) 在压强下的荧光强度变化图

5.2.5 对比分析与讨论

选用无氧杂质的红色荧光样品 AlN: Ce(O 0.8%)和有氧杂质参与的蓝光样品 AlN: Ce(O 6.1%)作为对比,分别对高压下的荧光图谱、半峰宽变化、发光中心变化和荧光强度进行了数据处理与分析。

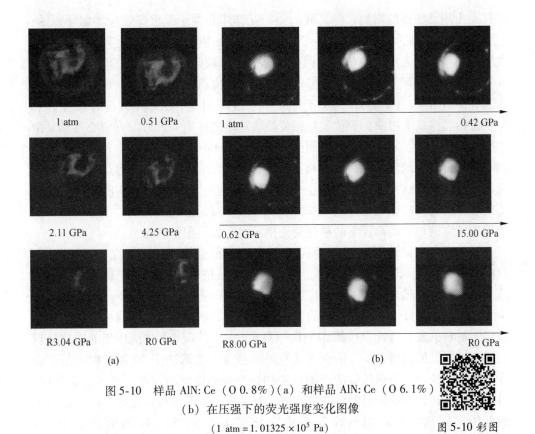

图 5-10　样品 AlN:Ce（O 0.8%）(a) 和样品 AlN:Ce（O 6.1%）
(b) 在压强下的荧光强度变化图像
（1 atm = 1.01325 × 10^5 Pa）

通过红光样品 AlN:Ce（O 0.8%）和蓝光样品 AlN:Ce（O 6.1%）的高压荧光图谱观察了压强下荧光变化的趋势，样品 AlN:Ce（O 0.8%）在 13 GPa 以后荧光峰基本消失，而样品 AlN:Ce（O 6.1%）在 23 GPa 左右荧光峰仍然明显，说明在高压下 AlN:Ce（O 6.1%）荧光稳定性更好。

根据高压荧光图谱的变化，观测了红色荧光样品 AlN:Ce（O 0.8%）和有氧杂质参与的蓝光样品 AlN:Ce（O 6.1%）的半峰宽，并通过拟合曲线分析了半峰宽的变化趋势。两种样品都出现了随着压强的增加，荧光峰宽化的现象。一般来说，由于逐步施加高压，晶体场强度增加可能导致更大的能带分裂，增强电子-声子耦合并增加晶体的应变和畸变，从而会导致发射带变宽，所以一般在高压下观察到的荧光发射峰是逐渐宽化的[75]。

通过绘制高压下的发光中心变化，分析了样品 AlN:Ce（O 0.8%）和样品 AlN:Ce（O 6.1%）在压强下的荧光峰位移动。在高压荧光样品中，荧光样品总有着随着压强增加发光峰位红移的特性。本书观测到的红色荧光样品发光中心蓝移和蓝色荧光样品的发光中心比较稳定的现象都是不常见的。本书认为发光峰位红移是由随着压强的增加，Ce^{3+} 间的强相互作用和电子云重排效应增加导致的，也可以说发光中心红移效应是 Ce^{3+} 在高压下受晶体场环境变化主导的。同时有文章将高压下发光中心的蓝移归因于基体的本征缺陷。因此，结合 Ce 掺杂对于晶格稳定性的破坏及氧杂质对于 Ce 掺杂 AlN 结构稳定性的贡献，可以认为红色荧光样品 AlN: Ce（O 0.8%）由于掺杂 Ce^{3+} 占据 Al 位，会产生大量的 Al 空位和 N 空位，晶格发生扭曲，导致大量相关晶格缺陷的产生，此时发光中心移动是由本征缺陷主导的，发生了蓝移。而蓝光样品 AlN: Ce（O 6.1%）中氧杂质的参与填补了部分空位缺陷，减少了晶格扭曲。但 Ce 的掺杂不可避免地产生了一定程度的晶格缺陷，这些缺陷会使发光中心出现一定的蓝移与晶体场下的 Ce^{3+} 主导下的红移，其共同作用使样品 AlN: Ce（O 6.1%）的蓝色发光中心十分稳定。这为构造所需的稳定的高压下的单色荧光指示材料提供了新思路。

另外，本书讨论了两样品的高压荧光强度稳定性，红色荧光样品 AlN: Ce（O 0.8%）的荧光强度下降显著，主要取决于晶格快速塌陷相变和诱发的相关应变，荧光强度随晶格塌陷相变快速下降。红色荧光样品 AlN: Ce（O 0.8%）的荧光强度的急剧降低和发光中心的蓝移都证明了晶格存在大量缺陷，严重影响了压强下材料的发光特性。样品 AlN: Ce（O 6.1%）的荧光强度随压强的增加呈现先增高后降低的趋势，Ce^{3+} 的荧光（发射）强度主要取决于 5d 能级相对于基质导带能级的位置、电荷传输能级的位置和局部缺陷能级的位置。通过施加高压，可以调节所述状态的相对能量并影响被压缩结构中的能量传递速率，因此在一定的低压范围内，可以通过高压手段来增强 Ce^{3+} 的 5d—4f 的荧光发射[76]。Rodriguez-Mendoza 等将这种现象归因于光电离过程与 Ce^{3+} 发光之间的竞争，认为这与 5d 发射能级和导带的共振有关。而荧光增强的过程正是 Ce^{3+} 的 5d—4f 的荧光发射增强与荧光猝灭互相作用的结果[76]。在此之后，随着压强的增加，荧光增强程度达到饱和，荧光猝灭作用开始起主导作用，荧光强度便开始随着压强继续增加而下降。高压诱发晶体缺陷和应变，电子-声子耦合和多声子弛豫增强，离子间距离减小，交叉弛豫下的非辐射跃迁概率开始增加，导致荧光强度降低[77-78]。

综上所述，通过对比压强下红色荧光样品 AlN: Ce（O 0.8%）和有氧杂质参与的蓝光样品 AlN: Ce（O 6.1%）的荧光行为，可以认为氧杂质的引入有利于提高 AlN: Ce 纳米分级材料在高压下的荧光强度稳定性和荧光中心稳定性。这对今后研究压强下的 AlN: Ce 的荧光变化规律和探寻在高压环境下更稳定发光的 AlN: Ce 纳米材料有着重要意义。

5.3 本章小结

通过高压同步辐射 X 射线衍射和光致发光测量研究了直流电弧等离子体辅助

法制备的样品 AlN: Ce（O 0.8%）和样品 AlN: Ce（O 6.1%）在压强下的晶格结构和光学行为。实验结果表明：样品 AlN: Ce（O 0.8%）和样品 AlN: Ce（O 6.1%）分别在 6.8 GPa 和 18.09 GPa 发生从六方纤锌矿结构向立方岩盐矿结构的转变。结合文献中的原位角散高压 X 射线衍射研究结果，认为由于掺杂后引入的 Ce 离子及其诱导产生的 Al 空位、N 空位导致 AlN 晶格结构发生畸变，进而降低了结构的稳定性，从而使得相变点降低。氧杂质的引入减少了空位缺陷，提高了晶格稳定性。在荧光图谱研究中，认为氧杂质的引入有利于提高 AlN: Ce 纳米分级材料在高压下的荧光强度稳定性和荧光中心稳定性。蓝光样品 AlN: Ce（O 6.1%）的热稳定性高、化学稳定性好、高压下晶格稳定，能保持良好的高压荧光稳定性，是一种非常有前景的蓝色荧光耐压材料。

6 AlN:Eu^{2+} 纳米线的表征

氮化铝（AlN）作为一种具有最宽直接带隙（6.2 eV）的第三代半导体材料，在稀土基质材料中具有巨大的优势。近些年来，人们对 Eu 掺杂 AlN 的研究证明 AlN:Eu^{2+} 材料在制造可见光光电器件中有巨大潜力。但目前关于 Eu 掺杂 AlN 材料的报道仍然很少，且大多集中在 AlN:Eu^{2+} 的块材料或薄膜材料，有关 AlN:Eu 纳米级别材料的研究相对较少。众所周知，纳米材料在结构上与常规晶态和非晶态材料有很大差别，主要体现在小尺寸颗粒和大的体积分数的界面，界面原子排列和键的组态有较大的无规则性，晶体的边界条件被破坏，使纳米材料出现了一些不同于常规体材料的物理效应。当 AlN:Eu^{2+} 的尺寸减小到纳米尺度时，就会表现出一系列既不同于宏观本体材料也不同于单个原子分子的新性质，包括量子尺寸效应、小尺寸效应、表面效应、宏观量子隧道效应及介电限域效应等。这些新性质的出现为 AlN:Eu^{2+} 材料带来了新颖的光、电、热、磁等特性。因此，利用直流电弧法成功制备 AlN:Eu^{2+} 纳米线，使 Eu^{2+} 的光学特性和 AlN 的特性相结合，并具备一维纳米材料特性，从而产生更加新颖的优秀性能，这为 AlN 提供了更加广泛的应用前景。

6.1 AlN:Eu^{2+} 纳米线表征与分析

6.1.1 AlN:Eu^{2+} 纳米线 XRD 表征

对 AlN:Eu^{2+} 纳米线的成分及晶体结构进行表征与分析，对其进行 XRD 测试。AlN:Eu^{2+} 纳米线的 XRD 图谱如图 6-1 所示，所有衍射峰指向都对应六方纤锌矿 AlN 结构，相应的空间群为 $P6_3mc$(186)（PDF 卡 No.08-0262）。并且没有因 Eu 的掺杂导致产物出现其他杂峰，可以断定产物为纯度高、结晶性好的 AlN。通过未掺杂 AlN 的 XRD 图谱与 AlN:Eu^{2+} 纳米线的 XRD 图谱的对比，发现 Eu 离子掺杂后，X 射线衍射峰明显向小角度偏移。由于 Eu^{2+} 的半径为 0.117 nm，Eu^{3+} 的半径为 0.101 nm，均大于 Al^{3+} 的半径 0.053 nm。Eu 离子掺杂进氮化铝晶格后，导致晶格发生膨胀，晶面间距增大，反映在 XRD 图谱中就是衍射峰向小角度偏移，文献中 Y、Mg 和 Ce 掺杂的 AlN 的研究中也观察到类似的现象[30,64,79]。因此推测样品的 X 射线衍射峰明显向小角度偏移是由 Eu 掺杂到氮化铝晶格中导致。

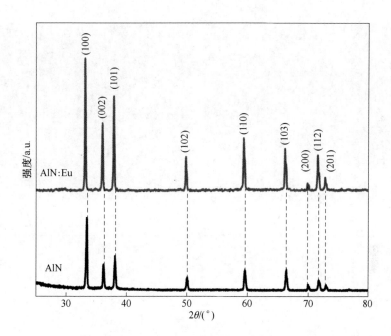

图 6-1　AlN 与 AlN:Eu^{2+} 纳米线 XRD 图谱对比

6.1.2　AlN:Eu^{2+} 纳米线的形貌与元素组成

利用高倍率的透射电子显微镜来观察分析所得产物的形貌和微观结构。图 6-2（a）为 AlN:Eu^{2+} 纳米线的低倍率 SEM 图像，从图中可以清晰地看出所得产物为高密度、粗细均匀、稍有弧度的氮化铝纳米线。大多数纳米线的长度在 30 μm 以上。通过图 6-2（b）AlN:Eu^{2+} 纳米线的高倍率 SEM 图像可以更加清晰地看到所得样品为形貌统一的 AlN:Eu^{2+} 纳米线，直径集中在 20～100 nm 范围内，且沿着生长方向直径保持不变。

通过 X 射线能量散射光谱来分析样品的元素组成。如图 6-2（c）所示，可以观察到样品中含有 C、N、O、Al 和 Eu 元素，由图可知所得样品主要由 Al 和 N 组成，且 Al 和 N 的原子比例约为 1∶1，因此可以证明该物质为 AlN。样品中 Eu 元素信号指标化的浓度为 1%，说明 Eu 成功掺杂进 AlN 中。O 元素信号与氮化铝中不可避免地含有氧缺陷或表面氧化有关。

为了进一步分析 AlN:Eu^{2+} 纳米线的形貌和微观结构，采用高分辨率透射电子显微镜（HRTEM）和傅里叶转换图对样品进行分析。图 6-3（a）为单根 AlN:Eu^{2+} 纳米线的透射电镜图像（TEM），图中可以清晰地看到 AlN:Eu^{2+} 纳米线表面光滑、粗细均匀，沿着生长方向至顶端，直径基本保持不变，约为 65 nm。图 6-3（b）为 AlN:Eu^{2+} 纳米线的高分辨率透射电子显微镜（HRTEM）图

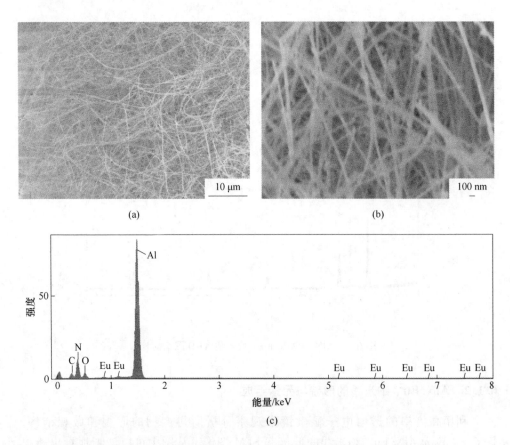

图 6-2　AlN: Eu 纳米线的 SEM 图像（a）、高倍率 SEM 图像（b）和 EDS 能谱（c）

像，通过测量可得 AlN: Eu^{2+} 纳米线的晶格条纹间距为 0.24 nm，与纤锌矿结构 AlN 的（101）晶面对应（PDF 卡 No.08-0262），从而进一步证明了所得产物为 AlN: Eu^{2+} 纳米线。图 6-3 中右上角插图为 AlN: Eu^{2+} 纳米线的傅里叶转换图，通过衍射点的标定，可以看出衍射矢量［001］与 AlN: Eu^{2+} 纳米线的生长方向垂直，确定了 AlN: Eu^{2+} 纳米线的生长方向为（001）面。

通过直流电弧法制备 AlN: Eu^{2+} 纳米线，虽然使用 Al 与 Eu 混合作为反应源，但在纳米线的顶部没有发现金属颗粒催化剂，表明 Eu 元素不是催化剂而是掺入了 AlN 纳米线中。因此，AlN: Eu^{2+} 纳米线的形成应该与气-固(VS)机制有关。当直流电弧被点燃时，样品在高温和等离子轰击下形成 Al、Eu 和 N 蒸气，由 N_2 输送载气到具有适当温度的区域，从而生长产生 AlN: Eu^{2+} 纳米线。AlN 纳米线具有良好的弹性形变能力，纳米线生长到一定长度后，相互交错产生挤压，直立程度受到影响从而发生一定程度的弯曲。

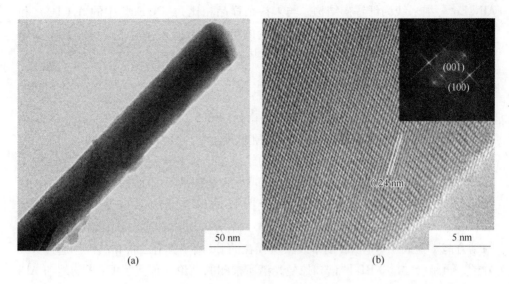

图 6-3　AlN: Eu^{2+} 纳米线的 TEM 图像(a)和 AlN: Eu 纳米线的 HRTEM 图像(b)
(插图为傅里叶转换图)

6.1.3　AlN: Eu^{2+} 纳米线的拉曼表征

通过图 6-4 AlN: Eu^{2+} 纳米线的拉曼光谱可知，AlN: Eu^{2+} 纳米线存在 4 个散射峰，分别为 246.7 cm^{-1}、607.4 cm^{-1}、653.3 cm^{-1} 和 902.1 cm^{-1}，对应的振动模式为 E_2(low)、A_1(TO)、E_2(high) 与 E_1(TO) 叠加和 A_1(LO) 与 E_1(LO) 叠加。这些位置与纤锌矿氮化铝的振动模式相吻合，进一步证明实验制得的

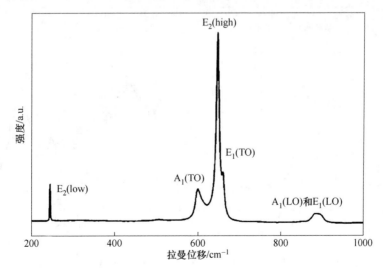

图 6-4　AlN: Eu^{2+} 纳米线的拉曼光谱

AlN: Eu^{2+} 纳米线为纤锌矿结构。与未掺杂样品相比,AlN: Eu^{2+} 中的 $A_1(TO)$ 和 $E_2(high)$ 的拉曼峰变宽并随着拉伸应变的增加而向低频移动,这可能是由晶体的无序性增加造成的。该结果与在 XRD 中观察到的移动吻合。

6.1.4 AlN: Eu^{2+} 纳米线的 XPS 表征

AlN: Eu^{2+} 纳米线样品的 XPS 全扫描谱如图 6-5 (a)所示,除 C 1s 和 O 1s 峰外,Al 2p、Al 2s 和 N 1s 的图谱显示出预期的强峰。Al 2p 峰[见图 6-5(b)]位于 74.1 eV 代表了在纤锌矿 AlN 中铝的结合能,N 1s 峰[见图 6-5(c)]位于 397.2 eV 代表了 AlN 中氮的结合能。Eu 3d 的复杂 XPS 图谱如图 6-5 (d)所示,在 1164.8 eV 和 1135.5 eV 处有两个明显的峰,分别对应着 Eu^{3+} $3d_{3/2}$ 和 Eu^{3+} $3d_{5/2}$ 的结合能,1158.9 eV 和 1125.1 eV 分别对应着 Eu^{2+} $3d_{3/2}$ 和 Eu^{2+} $3d_{5/2}$ 的结合能。这表明 AlN: Eu 纳米线中所存在的 Eu 离子具有二价和三价。通过 XPS 分析,再结合之前 XRD 图谱和拉曼光谱所推测的结论,证实了 Eu 成功地与 AlN 晶格结合。

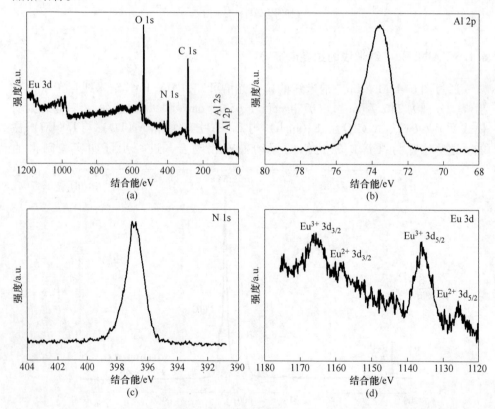

图 6-5 AlN: Eu^{2+} 纳米线样品的 XPS 全扫描谱 (a) 和 Al 2p(b)、N 1s(c)、Eu(d) 的 XPS 精细扫描谱

6.1.5 AlN:Eu^{2+}纳米线的 PL 表征

图 6-6 显示了所制备的未掺杂的 AlN 和 AlN:Eu^{2+}纳米线的代表性室温光致发光光谱。对于未掺杂的 AlN 纳米线,从图 6-6 中观察到弱宽带发射,其最高峰位于约 566 nm 处(该发射光谱放大了 10 倍)。该发光峰经常在 AlN 纳米结构中观察到,归因于氮空位以及光子(或电子)产生的空穴与占据氮空位电子之间的辐射复合[80]。与未掺杂的 AlN 纳米线相比,AlN:Eu^{2+}纳米线呈现出一个从 450 nm 到 700 nm 强而宽的绿光发射带,最强的发射峰位约为 528 nm。通过文献对比,AlN:Eu^{2+}纳米线的绿光发射可以归因于 Eu^{2+} 的 5d—4f 跃迁[27]。AlN:Eu^{2+}纳米线的绿色发光可以用肉眼清楚地观察到(如图 6-6 中的插图所示)。尽管 Eu 离子以二价和三价态存在(见图 6-5),但由于禁止的 f—f 跃迁,没有检测到 Eu^{3+} 的发射峰(550~630 nm)。此结果与 Eu^{2+} 和 Eu^{3+} 共掺的 AlN:Eu^{2+}荧光粉相同,该荧光粉只有一个 Eu^{2+} 发射峰[46]。

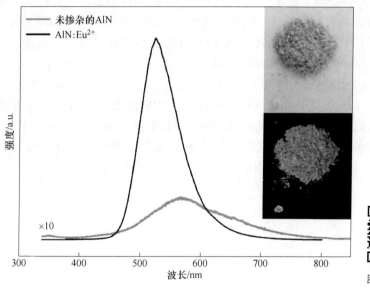

图 6-6 彩图

图 6-6 AlN:Eu^{2+}纳米线的 PL 光谱
(插图为样品在室光和紫外灯下的图像)

2010 年,Yin 等通过碳热还原法合成 Eu^{2+} 掺杂 AlN,制备出在 330 nm 激发下具有 464 nm 的蓝色发光峰的荧光粉,随后对样品中随着 C 浓度增加发光中心从最初的 464 nm 移动到 539 nm 的原因进行了分析,认为:随着 C 浓度的增加,通过 C 还原法制备的 AlN:Eu^{2+}样品中的 O 浓度降低,因为 N 的电负性与 O 相比较低,通过 N^{3+}的电子云膨胀效应,Eu^{2+}的 5d 能级劈裂程度更大,降低了 5d 的最低能级和 4f 能级的能隙，从而出现 AlN: Eu^{2+} 的发光中心红移的现象[45]。本书实验采用的直流电弧法是在真空环境下通过 Al 粉和 Eu_2O_3 粉末再充入大量的氮气直接反应生成 AlN: Eu^{2+} 纳米线，因此样品中的 O 含量非常少，氮化程度高。N^{3+} 的电子云膨胀效应使得 Eu^{2+} 的 5d 能级劈裂程度更大，5d 的最低能级和 4f 能级的能隙降低，从而产生 AlN: Eu^{2+} 纳米线的绿光发射。根据图 6-5 AlN: Eu^{2+} 纳米线的 XPS 表征可知，所制样品中存在 Eu^{2+}。Eu 在高温下制备的纯氮化物中是二价的，因为 N 的电负性与 O 相比较低。Eu^{2+} 的半径远大于 Eu^{3+} 的半径，在氮化铝中，Eu^{3+} 到 Eu^{2+} 的过渡空间不足，无法实现 Eu^{3+} 向 Eu^{2+} 的转变，但直流电弧法在高温高压的条件下进行，高温处理可以扩大晶格，从而促进 Eu^{3+} 向 Eu^{2+} 转变。

6.2 本章小结

本书实验采用直流电弧法，以 Al 和 Eu_2O_3 混合作为原料，在真空条件下与 N_2 反应制备 AlN: Eu^{2+} 纳米线。通过 XRD、EDS 和拉曼表征，分析证明所得产物为纯相、结晶性良好的纤锌矿结构的 AlN（与 PDF 卡 No.08-0262 对应）。运用 SEM 和 TEM 观察产物形貌和微观结构并分析其生长方向和生长机制，表明产物为高密度、表面光滑、粗细均匀的纳米线，直径在 20~100 nm 范围内，长度均在 30 μm 以上，受 VS 生长机制所控制，生长方向为（001）面。AlN: Eu^{2+} 样品的测量扫描 XPS 图谱证明了 Eu 成功掺杂进氮化铝晶格中。Eu 在氮化铝中主要以 Eu^{2+} 和 Eu^{3+} 的混合态存在，从而在室温下的 PL 光谱观察到样品在 450~700 nm 有一个宽的绿色可发光带。实验数据所得结果表明 AlN: Eu^{2+} 纳米线在光电器件和自旋器件中具有潜在的应用价值。

7 AlN:Eu^{2+}纳米线的发光特性研究

AlN是第三代半导体材料中禁带最宽的直接带隙半导体，具有超强的耐辐射性，高的热稳定性和化学稳定性，因此在很多固体器件中扮演着重要角色。材料的特性往往由其内部的缺陷和杂质决定，对于半导体材料尤其如此，极小的杂质含量就可以使材料的性能显著改变。以氮化铝作为掺杂基体的半导体材料研究焦点主要是通过改变掺杂元素来优化材料性能。稀土元素Eu具有很好的发光特性，AlN是宽禁带半导体，适合作为发光材料的基质材料，第6章中通过Eu掺杂氮化铝所制备的样品在365 nm的激发条件下展现出较好的绿色发光特性，证明AlN:Eu纳米线在光电器件中具有潜在的应用价值。AlN:Eu纳米线中的发光来源于Eu^{2+}的4f层电子跃迁，由于Eu^{2+}外壳层5d电子的裸露，5d—4f跃迁受晶体场影响十分明显。本章主要研究Eu掺杂浓度、温度变化对AlN:Eu纳米线发光特性的影响。

7.1 不同浓度Eu^{2+}掺杂AlN纳米线的制备

AlN:Eu纳米线的合成采用直流电弧装置。用直径为8 mm、高度为30 cm的钨杆（质量分数约为99.99%）作为阴极。初始材料Al粉（质量分数约为99.99%）和Eu_2O_3（质量分数约为99.99%）分别以Al与Eu 100∶1（100∶1.2，100∶1.5）的摩尔比例混合，将初始材料装入球磨机中混合，并压制成高度为4 mm、底面直径为18 mm的圆柱形样品块，放入石墨坩埚中作为阳极。用玻璃罩与密封胶圈将反应室密封完全，防止漏气影响实验产物。利用机械真空泵将反应室气压抽至5 Pa以下，随后通入反应气体至50 kPa，通过再次抽真空确保反应室内的杂质气体完全去除。通入反应气体达到实验压强。开启水冷循环系统和起弧控制系统，设定引弧电流在100 A，利用升降机调整两极距离，使其接触引发起弧反应。通过控制起弧保持电压稳定在20 V，反应时间在5 min，结束引弧放电。通入高纯度氩气至60 kPa，钝化产物6 h，打开反应室，在冷凝壁上收集灰白色产物。

7.2 Eu掺杂浓度对AlN:Eu^{2+}纳米线发光特性的影响

图7-1展示了不同浓度的Eu掺杂AlN纳米线的XRD图谱，可以看出不同浓度Eu掺杂所制备的AlN:Eu^{2+}纳米线都对应六方纤锌矿AlN结构，相应的空间群

为 $P6_3mc$ (186)(PDF 卡 No.08-0262),并且没有因 Eu 的掺杂浓度改变导致产物出现其他杂峰;发现稀土离子 Eu 掺杂后,X 射线衍射峰明显向小角度偏移,且随着 Eu 掺杂浓度的增加,X 射线衍射峰向小角度偏移角度增大。通过之前的 XPS 分析(所制备的 AlN:Eu 纳米线中 Eu^{2+} 和 Eu^{3+} 共存),推测随着 Eu 掺杂浓度的增加,Eu 离子在 AlN 中所占比例不断增加,Eu 离子掺杂进 AlN 晶格后,晶格膨胀,使得晶面间距增大,导致 X 射线衍射峰随 Eu 掺杂浓度增加而向小角度偏移。

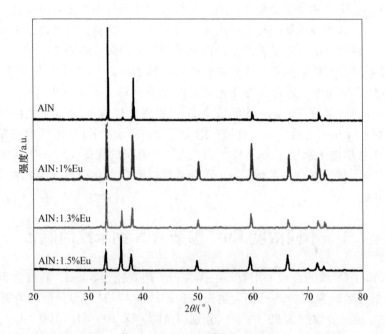

图 7-1　AlN:Eu^{2+} 纳米线不同 Eu 掺杂浓度的 XRD 图谱对比

图 7-2 为不同 Eu 掺杂浓度的 AlN:Eu^{2+} 纳米线的 PL 光谱,从图中可以看到随着 Eu 浓度的增加,AlN:Eu^{2+} 纳米线的发光强度降低,发射中心发生红移现象。Yin 在采用碳热还原法合成 Eu^{2+} 掺杂 AlN 时发现,光致发光强度会随着 Eu 浓度的增加而增加,当 Eu 掺杂浓度为 0.5% 时达到峰值,之后光致发光强度会随着 Eu 浓度的增加而降低[45]。本书中发光强度最大是在 Eu 掺杂浓度为 1% 时,远高于 Yin 在碳热还原法合成 Eu^{2+} 掺杂 AlN 的报道中所指出的 Eu^{2+} 的掺杂浓度为 0.5% 时发光强度最大。AlN:Eu 纳米线中绿色光是由 Eu^{2+} 的 5d—4f 跃迁产生的。根据 XPS 图谱可知,通过直流电弧法制备的 AlN:Eu^{2+} 纳米线中所存在的 Eu 离子为混合价态,Eu^{2+} 和 Eu^{3+} 同时存在,并且 Eu^{3+} 所占比例较大,说明在 Eu 掺杂浓度为 1% 时,Eu^{2+} 的掺杂浓度并没有超过 0.5%,发光强度降低现象与报道中所述基本一致。可以证明 AlN:Eu^{2+} 纳米线光致发光强度降低是由 Eu^{2+} 浓

度增大产生浓度猝灭引起的。由于 Eu^{2+} 外壳层 5d 电子的裸露，5d—4f 跃迁受晶体场影响十分明显，过量的 Eu 离子减少了 Eu 中心之间的距离，因此 Eu^{2+} 之间能量转移的可能性增加，从而导致发光强度的降低。发射中心发生红移是由于 Eu 离子半径远远大于 Al 离子半径，随着掺杂浓度的增大，Eu 离子取代 Al 离子掺杂进入 AlN 晶格内导致晶面间距变大（这与 XRD 中观察结论一致），Eu^{2+} 所处的晶体场发生变化，导致 5d 能级向低能级转移幅度增大，从而发光红移。

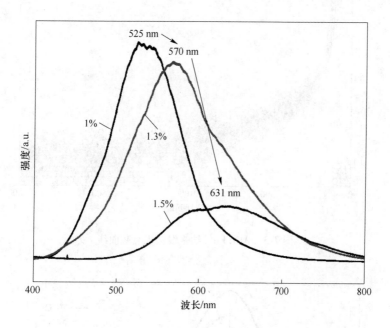

图 7-2　AlN: Eu^{2+} 纳米线不同 Eu 掺杂浓度的 PL 光谱对比

7.3　温度变化对 AlN: Eu^{2+} 纳米线发光特性的影响

如图 7-3 所示，选取发光强度最强的 Eu 掺杂浓度为 0.5% 的 AlN: Eu^{2+} 纳米线，测量得出 AlN: Eu^{2+} 纳米线在室温下 528 nm 处的荧光寿命为 186.49 μs。为了进一步研究 AlN: Eu^{2+} 纳米线中施主-受体对的复合过程，测量和描述了 AlN: Eu^{2+} 纳米线的温度相关发射光谱如图 7-4 所示，随着温度的升高，AlN: Eu^{2+} 纳米线的发射强度迅速降低，在 230 ℃ 发射强度极低。一般认为，温度诱导的发射猝灭行为是由于在较高温度下非辐射复合过程的增加，如声子和晶格振动的增加。在这种情况下，AlN: Eu^{2+} 纳米线的发射强度不仅与非辐射跃迁过程有关，还与施主-受体对和重组体的分布函数以及离子跃迁概率有关。由于

Eu^{2+}外壳层 5d 电子的裸露，5d—4f 跃迁受晶体场影响较大。随着温度的升高和非辐射复合或转变过程的增加，复合跃迁概率迅速降低，导致样品的发射强度迅速降低。

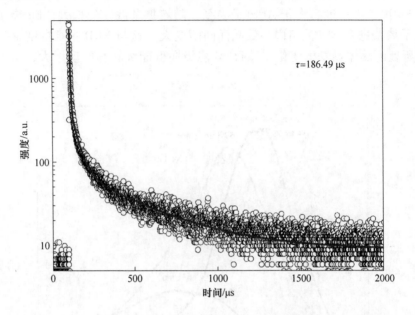

图 7-3　AlN: Eu^{2+} 纳米线荧光衰减曲线

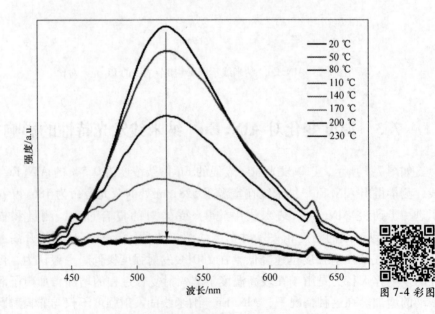

图 7-4　AlN: Eu^{2+} 纳米线在不同温度下的 PL 光谱

7.4 本章小结

本章通过直流电弧法顺利合成了 AlN: Eu^{2+} 纳米线，同时研究了 Eu 掺杂浓度和温度对 AlN: Eu^{2+} 纳米线发光特性的影响。根据数据分析得出结论：AlN: Eu 纳米线的发光强度在 Eu 掺杂浓度为 1% 时最大，继续增加 Eu 掺杂浓度会导致样品发光强度减弱，且发光中心红移（这是由于过量掺杂导致的浓度猝灭）。以上说明 Eu 掺杂浓度对 AlN: Eu^{2+} 纳米线的发光影响巨大。随后选取发光强度最高的 AlN: 1% Eu 纳米线进行不同温度下的发光测试，发现样品对温度变化十分敏感，随着温度的升高和非辐射复合或转变过程的增加，复合跃迁概率迅速降低，导致样品的发射强度迅速降低。这一发现表明 AlN: Eu 纳米线在温度变化指示方面具有十分广阔的应用前景。

8 AlN:Eu^{2+} 纳米线的高压物性研究

据 Yin 等利用氮还原法制备 AlN:Eu^{2+} 确定 Eu 位置的文献可知，AlN:Eu^{2+} 材料和 AlN 材料在常压下的宏观结构都为纤锌矿结构，如图 8-1 所示，空间群为 $P6_3mc$。AlN 的晶胞中 [如图 8-2（a）所示]，每个 Al 原子被 4 个 N 原子所包围。AlN:Eu^{2+} 材料中，Eu 取代 AlN 中的一些 Al 作为中心离子，其晶胞中每个 Eu 原子被 4 个 N 原子所包围，与 12 个 Al 相邻且距离相同，如图 8-2（b）所示。从微观角度看，由于 Eu 离子半径远大于 Al 离子半径，AlN:Eu^{2+} 材料和 AlN 材料相比，其内部晶格结构必然发生变化，产生晶格扭曲。

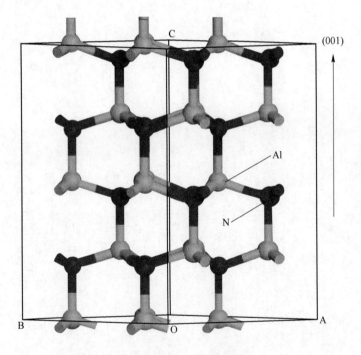

图 8-1 纤锌矿 AlN 晶体结构

根据之前的研究结论，AlN:Eu 材料中的发光来源于 Eu^{2+} 的 4f 层电子跃迁，Eu^{2+} 外壳层 5d 电子裸露，5d—4f 跃迁受晶体场影响十分明显。高压研究是一种通过压强的变化来调节原子间距离、相邻电子轨道之间的重叠、能带间隙等以研究材料结构和性能的重要手段。本书将通过压强来调节原子间距离、相邻电子轨

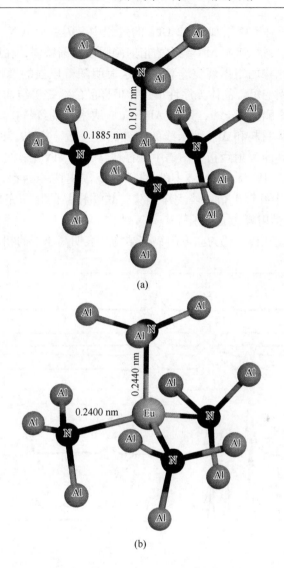

图 8-2 AlN 晶胞结构示意图（a）和 AlN:Eu^{2+}晶胞结构示意图（b）

道之间的重叠、能带间隙等，探索晶体场对 AlN:Eu^{2+}纳米线发光的影响。

8.1　AlN:Eu^{2+}纳米线原位高压 X 射线衍射

图 8-3 为 AlN:Eu^{2+}纳米线在不同压强下的原位散角 X 射线衍射图谱。在常压下，AlN:Eu^{2+}纳米线的衍射峰和文献比对标定为纤锌矿 AlN 结构，对应晶面为（100）、（002）、（101）、（102）、（110）面。随着压强的增加，AlN:Eu^{2+}纳米线的衍射峰变宽并且强度降低，逐渐向大角度偏移，并在 19.58 GPa 处有新的

衍射峰产生。在压强不断增加到 32 GPa 的过程中，闪锌矿 AlN 的衍射峰强度逐渐增强；与此同时，纤锌矿 AlN 结构的衍射峰强度逐渐减弱，在压强达到 32 GPa 处，纤锌矿 AlN 结构的衍射峰完全消失。这表明随着压强的增加，AlN: Eu^{2+} 纳米线中的晶格间距变短，晶体无序性增加，但样品的纤锌矿结构仍保持稳定。在 19.58 GPa 的压强下出现新峰，说明 AlN: Eu^{2+} 纳米线的纤锌矿结构开始发生相变，这与 AlN 块体材料和 AlN 纳米线的转变路径一致。在 19.58~29.35 GPa 的压强范围内，样品的 X 射线衍射图谱中既存在纤锌矿 AlN 结构的衍射峰又存在新的衍射峰，表明在 19.58~29.35 GPa 的压强范围内两相共存，直到压强达到 32 GPa 时，样品中纤锌矿衍射峰完全消失，说明样品的相变完成，通过文献比对[54]，标定新的衍射峰为立方闪锌矿 AlN 结构，对应于(111)和(200)晶面。当卸载到常压后，发现样品仍为立方闪锌矿结构，表明高压下的相变过程不可逆。

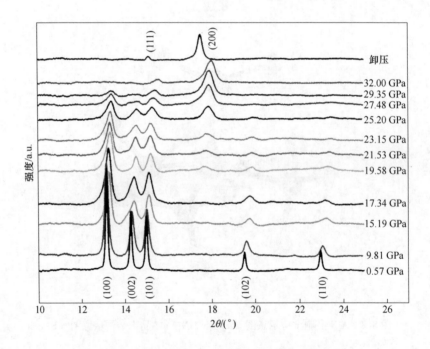

图 8-3　不同压强下 AlN: Eu^{2+} 纳米线的 X 射线衍射图谱

为了进一步分析压强对样品的影响，通过 AlN: Eu^{2+} 纳米线在不同压强下的原位散角 X 射线衍射图谱作出了 AlN: Eu^{2+} 纳米线在不同压强下的晶面间距变化图，如图 8-4 所示。AlN: Eu^{2+} 纳米线的所有晶面间距随着压强的增加而减小。当压强增加至 19.58 GPa 时，(100)、(002)、(101) 的 d 值分别出现了不连续性，此晶面间距的不连续性开始的压强点与 AlN: Eu^{2+} 纳米线相变压强值一致，进一步证明了 AlN: Eu^{2+} 纳米线的相变压强为 19.58 GPa。

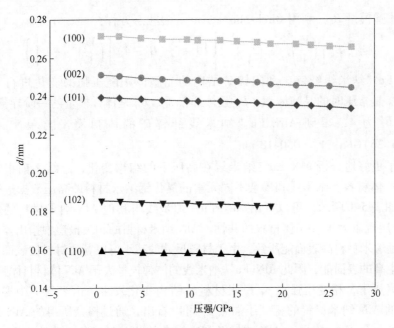

图 8-4　纤锌矿 AlN: Eu^{2+} 纳米线的晶面间距随压强的变化图

图 8-5 为纤锌矿和闪锌矿结构的 AlN: Eu^{2+} 纳米线的晶胞体积随着压强的变化关系，从图中可以看出 AlN: Eu^{2+} 纳米线从纤锌矿结构到闪锌矿结构相变时的体积塌陷约为 16.7%。压强在 29.35 GPa 时，样品的纤锌矿结构仍然存在，当压强增大到 32.00 GPa 时纤锌矿结构完全消失，样品完全为闪锌矿结构。为了确定

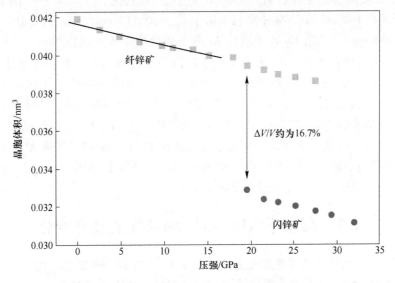

图 8-5　AlN: Eu^{2+} 纳米线不同结构的晶胞体积随压强的变化关系

AlN 的体弹模量 B_0，利用 Birch-Murnaghan 等温状态方程：

$$p = \frac{3}{2}B_0 \left[\left(\frac{V_0}{V}\right)^{7/3} - \left(\frac{V_0}{V}\right)^{5/3} \right] \left\{ 1 + \frac{3}{4}(B_0' - 4) \left[\left(\frac{V_0}{V}\right)^{2/3} - 1 \right] \right\}$$

对 AlN:Eu^{2+} 纳米线纤锌矿和闪锌矿结构的晶胞体积随压强的变化进行了拟合（其中 V_0 是常压时的晶胞体积，B_0 是体弹模量，B_0' 是体弹模量的一阶导数），计算中取 B_0' 为 4，得到 AlN:Eu^{2+} 纳米线纤锌矿的体弹模量与单胞体积为 $B_0 = 346(26)\text{GPa}$、$V_0 = 0.0418\text{ nm}^3$。

为了更好地分析 AlN:Eu^{2+} 纳米线在高压下的结构变化，总结之前报道的纤锌矿 AlN 体材料、纳米线和掺杂不同元素的氮化铝纳米材料的高压数据进行系统分析，如表 5-1 所示，可以看出 AlN:Eu^{2+} 纳米线与其他 AlN 纳米材料的体弹模量 B_0 均展现出大于 AlN 体材料的共性。AlN 纳米材料的相关报道中指出体弹模量的升高是纳米材料高表面能所致，由于材料尺寸的减小可以导致材料比表面积增加从而产生高的表面能，因此 AlN:Eu^{2+} 纳米线的体弹模量大于 AlN 体材料体弹模量。

在高压下，相变压强点 p_T 说明材料的结构变化发生。由表 5-1 中掺杂 Co、Y、Eu 的 AlN 纳米材料的相变压强点 p_T 可以看出，通过掺杂所得的 AlN 纳米材料的相变压强点 p_T 均小于 AlN 体材料和未掺杂的 AlN 纳米线。在有关 Y、Co 等元素掺杂 AlN 纳米材料的高压研究中指出，AlN 掺杂纳米材料的相变压强点 p_T 降低与掺杂有关，掺杂离子替代 Al 离子进入 AlN 晶格，导致 Al 空位缺陷的生成，并且由于掺杂离子半径与 Al 离子半径存在差异，导致 AlN 晶格产生扭曲。Al 空位缺陷和 AlN 晶格扭曲的共同作用导致晶格结构稳定性降低，相变压强点 p_T 提前。然而 AlN:Eu^{2+} 纳米线与之前 AlN 掺杂的纳米材料相比，相变压强点 p_T 明显增大，更加接近于体材料。结合 XPS 图谱所得结论，在 AlN:Eu^{2+} 纳米线中，Eu 离子具有 Eu^{2+} 和 Eu^{3+} 两种价态，由于 $r_{Eu^{2+}}(0.117\text{ nm}) > r_{Eu^{3+}}(0.101\text{ nm}) > r_{Al^{3+}}(0.053\text{ nm})$，掺杂 Eu 离子取代 Al 离子必然导致 AlN 晶格扭曲，产生 Al 空位缺陷，从而导致 AlN:Eu^{2+} 纳米线晶体结构稳定性降低，使其相对于体材料和未掺杂的 AlN 纳米材料相变压强点 p_T 降低。这与先前结论一致。但由于 Eu 离子在 AlN 中是混合价态，$r_{Eu^{2+}}(0.117\text{ nm}) > r_{Eu^{3+}}(0.101\text{ nm})$，因此推测在 AlN:$Eu^{2+}$ 纳米线生长过程中，由于 Eu^{2+} 掺杂所产生的部分 Al 空位缺陷由 Eu^{3+} 填补，并通过 Eu 离子之间的平衡关系大大减少了 AlN:Eu 纳米线的 Al 空位缺陷，增加了结构稳定性。因此 AlN:Eu^{2+} 纳米线与之前 AlN 掺杂的纳米材料相比，相变压强点 p_T 明显增大，更加接近于体材料。

8.2 高压下 AlN:Eu^{2+} 纳米线的发光变化

AlN:Eu^{2+} 纳米线的绿色发光主要来源于 Eu^{2+} 的 5d—4f 跃迁。由于外壳层 5d 电子的裸露，5d—4f 跃迁受晶体场影响十分明显。高压可以有效地改变基质的结构、改变晶体场环境,从而改变 Eu^{2+} 的发光特性。可以将 AlN: Eu^{2+} 纳米线在高压过程中的发光变化机理与之前的高压衍射结果相结合进行分析。

为了进一步调整 AlN: Eu^{2+} 纳米线的光学性质,使用高达 30 GPa 的静水压强绘制了与压强相关的 PL 光谱。在 0~30 GPa 的选定压强下的 PL 光谱如图 8-6 和图 8-7 所示。在施加的压强下,Eu^{2+} 的 $4f^6 5d^1$—$4f^7$ 跃迁峰向较低的能量移动(红移),

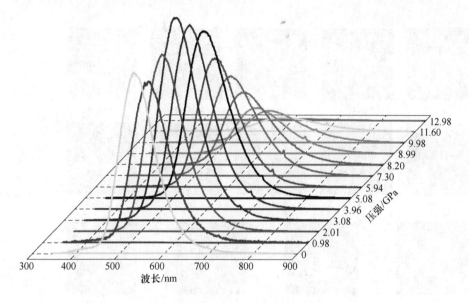

图 8-6 AlN: Eu^{2+} 纳米线在 0~12.98 GPa 压强下的 PL 光谱

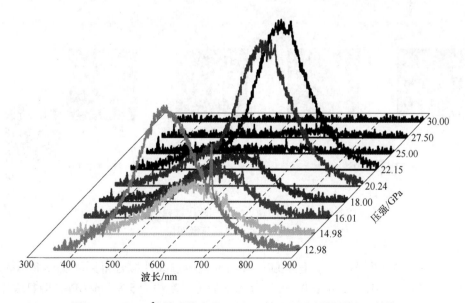

图 8-7 AlN: Eu^{2+} 纳米线在 12.98~30.00 GPa 压强下的 PL 光谱

并伴有峰型的增宽。根据显微镜拍摄的光学图像,可以明显观察到从绿色到橙色的颜色变化(见图 8-8)。峰值质心在约 22.15 GPa 处从约 528 nm(环境压强)移动到 664 nm。在 20.24 GPa 以上,PL 峰变宽并出现两个发射带,其中低能峰(670 nm)的强度相对于主能峰增加(见图 8-9),归因于 AlN 发生相变,AlN 激发态能量增加。

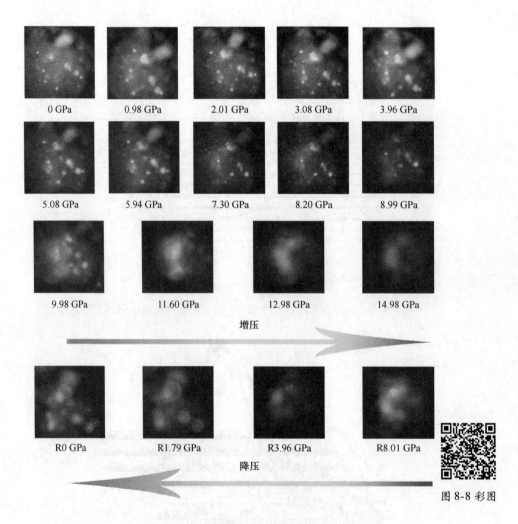

图 8-8 在选定压强下压缩和减压过程中记录的
AlN:Eu^{2+} 纳米线的显微图像

峰值质心(发光中心)位置随压强的变化通过线性拟合得到(见图 8-10),即 $\lambda = 5.88p + 531.95$,$R^2 = 0.893$,计算出的位移率约为 5.9 nm/GPa,明显大于其他 Eu^{2+} 或 Ce^{3+} 掺杂的光学压强传感器[74,81]。峰位随压强的红移归因于晶体场

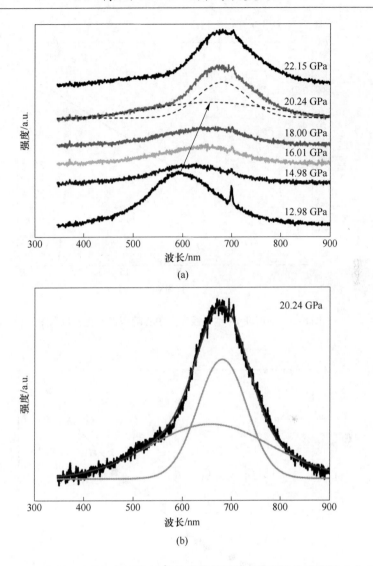

图 8-9 12.98~22.15 GPa 的 AlN: Eu^{2+} 纳米线的压强相关光致发光光谱（a）和
在 20.24 GPa 下 AlN: Eu^{2+} 纳米线的光致发光峰值拟合结果（b）
[（a）中的虚线对应于（b）中的高斯拟合]

强度的提高、离子间 Eu—N 距离的缩短和霞石效应，导致 5d 能级的能量降低[81-82]。在环境压强下，光致发光带的宽度 Γ(FWHM) 约为 91.9 nm，并随着压强的增加而变宽至 279.6 nm（见图 8-11）。使用多项式将这种变化与压强拟合，即 $\Gamma = -0.26p^2 + 0.72p + 90.69$，$R^2 = 0.9964$。高压施加下的晶体场强度的增加可能导致更大的带分裂，增强电子-声子耦合，增加晶体中的应变和畸变，导致发射带加宽[83]。

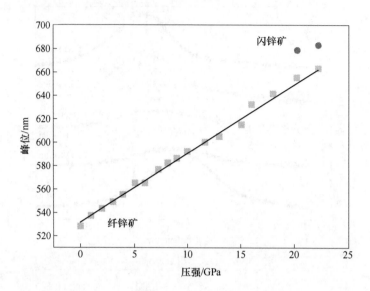

图 8-10　AlN: Eu^{2+} 纳米线发光中心随压强变化的拟合图

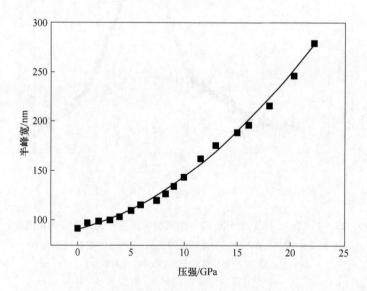

图 8-11　AlN: Eu^{2+} 纳米线发光半峰宽随压强变化的拟合图

在 30 GPa 和 14.98 GPa（纤锌矿和闪锌矿）的减压过程中记录的 PL 光谱如图 8-12 和图 8-13 所示。当压强从 30 GPa 卸压至 1 atm 时，PL 光谱完全消失，表明相变的不可逆性，PL 光谱不能恢复。AlN: Eu^{2+} 纳米线在 14.98 GPa 卸压的过程中，PL 光谱的位置和宽度可以在没有相变的情况下恢复。

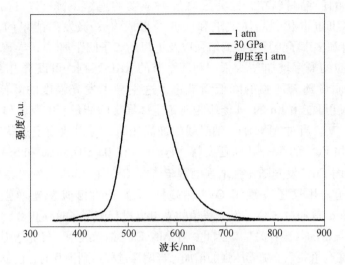

图 8-12　从 30 GPa 卸压至 1 atm 下的
AlN: Eu^{2+} 纳米线的 PL 光谱

（1 atm = 1.01325 × 10^5 Pa）

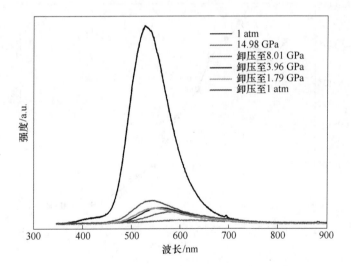

图 8-13　从 14.98 GPa 卸压至 1 atm 下的 AlN: Eu^{2+}
纳米线的 PL 光谱

（1 atm = 1.01325 × 10^5 Pa）

AlN: Eu^{2+} 纳米线的发射强度随压强的变化如图 8-14 所示。发射强度最初略有下降，然后增加（约在 3.08 GPa 时发射强度最高），之后随着压强继续增大而不断降低。当施加压强时，发射强度的初始下降可能是源于轻微的误差。在掺杂不同发射离子的压缩材料中,总是发现发射强度的连续下降[76]。这是由于压强引起的晶体质量退化、晶体缺陷和应变的形成[77]、激发态能量的改变[78]、电子-声子耦合和多声子弛豫过程的增强以及更短的离子间距离[84],导致非辐射能量传递交叉弛豫的概率增加[85]。根据前面章节的 XRD 数据,可以看出 AlN: Eu^{2+} 纳米线的晶体质量随着压强的降低而减小,这主导了发光强度的降低。然而,Eu^{2+} 的发射强度可能由 Eu 的 5d 能级相对于主体导带的能量、电荷转移态和局部缺陷能级决定[74]。当对 AlN: Eu^{2+} 纳米线施加高压时,可以改变上述状态的相对能量,然后增强 Eu^{2+} 的 5d—4f 跃迁发射。Tyner 等在 Ba_2SiO_4: Eu 和 $SrAl_2O_4$: Eu 中观察到类似的 Eu^{2+} 发光随压强增强的现象[86]。Ce^{3+} 和 Eu^{2+} 的发光特性都归因于 5d—4f 跃迁,并且还发现了 Ce^{3+} 在施加压强下的相似发光增强效果[74]。Rodriguez-Mendoza 等通过与 Ce^{3+} 发光竞争的光电离过程解释了这一现象,该过程与 5d 发射能级和导带的共振有关[87]。因此,在 AlN: Eu^{2+} 纳米线中,发光增强过程和猝灭效果之间存在竞争关系。随着压强的增加,当增强过程达到饱和时,前面提到的猝灭效应开始发挥主导作用,AlN: Eu^{2+} 纳米线的发光强度开始降低。发射峰值随所施加压强的变化表明 AlN: Eu^{2+} 纳米线可以作为高压技术的压强计(潜在应用)。

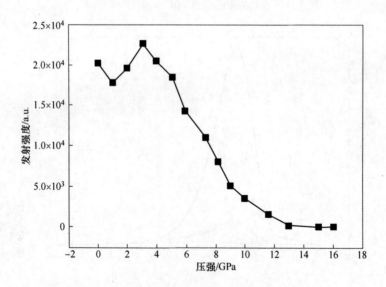

图 8-14　AlN: Eu^{2+} 纳米线的发射强度随压强的变化图

8.3　本 章 小 结

本章选用发光强度最高 Eu 掺杂浓度为 1% 的纳米线作为研究对象,对其进行高压物相研究,实验压强范围在 0~32 GPa,通过原位同步辐射 X 射线衍射研究，发现 AlN:Eu^{2+} 纳米线在 19.58 GPa 时，发生了从纤锌矿到闪锌矿的结构转变，与 AlN 块体材料和 AlN 纳米线的转变路径一致。由于 Eu 离子的半径远大于 Al 离子，导致 AlN:Eu^{2+} 纳米线的晶格膨胀和扭曲，产生大量空位缺陷，使得 AlN:Eu^{2+} 纳米线的晶体结构更容易被压缩，进而导致相变压强降低。在 AlN:Eu^{2+} 纳米线高压条件下发光性能的研究中，结合高压同步辐射表征结果分析，发现随压强的增加，Eu^{2+} 所处晶体结构发生变化，Eu^{2+} 与配位体 N^{3-} 之间的距离变短，引发电子云膨胀效应，使得 Eu^{2+} 的 5d 能级劈裂程度更大，降低了 5d 的最低能级和 4f 能级的能隙，导致发光红移的产生。随着压强的增加，Eu 离子间的距离缩短，当 Eu 离子间距离小于临界距离时，产生级联能量传递，促进了无辐射跃迁，使得 AlN:Eu^{2+} 纳米线发光强度降低。在 20.24 GPa 的压强条件下，AlN:Eu^{2+} 纳米线从六方纤锌矿结构向立方闪锌矿结构转变，在两相共存过程中，Eu^{2+} 的晶体场环境产生变化，相变起始时发光强度增强，当压强持续增加到 32 GPa 后，发光强度逐渐降低直至消失。本书的实验结果证明 Eu 掺杂改变了 AlN 基质的稳定性和相变压强，导致 Eu^{2+} 在 AlN:Eu^{2+} 纳米线中的晶体场环境发生改变，发光性能也会产生变化。这对今后研究 AlN:Eu^{2+} 纳米线晶体结构、电子结构的调控机理，以及探索利用高压途径获得特定波长的 AlN:Eu^{2+} 纳米线发光材料有着重要意义。

9　AlN:Sm^{2+} 纳米分支结构的表征与分析

稀土离子中，Sm^{2+} 是发光材料优良的掺杂剂，对基质微观结构变化敏感，可用作结构探针离子。Sm^{2+} 在 350~500 nm 区域有很强的吸收，可通过微小的晶体学结构变化，得到不同的 $^5D_0$—$^7F_0$ 跃迁发射光谱。在相对较弱的晶体场环境下，$4f^55d^1$ 配位级别高于 $4f^6$ 配位时，$^5D_0$—^7F_J（$J=1,2,3$）跃迁产生的谱线发射分别在 680 nm、700 nm 和 720 nm 左右。如果 $4f^55d^1$ 构型的最低激发态能量低于 $4f^6$ 的最低激发态能量，则将观察到宽带 d—f 发射；当 $4f^6$ 能级较低时，Sm^{2+} 可以弛豫到这些状态，然后通过给出 f—f 跃迁特征的发射线回到基态。因此，为了在近紫外/蓝光区域获得线发射和宽带激发，必须选择具有较小的电子云重排效应的宿主。AlN 作为第三代半导体材料，具有较宽带隙（6.2 eV），是 Sm^{2+} 掺杂理想基质。

9.1　形貌和结构表征

9.1.1　XRD 和 EDS 表征与分析

未掺杂的 AlN 纳米线和 AlN:Sm^{2+} 纳米分支结构的 XRD 图谱如图 9-1 所示。两种样品均表现为纯纤锌矿结构的 AlN（PDF 卡 No.08-0262）。在整个 XRD 图谱范围内，未检测到杂质峰，说明 Sm^{2+} 的掺杂未诱发杂质相。与未掺杂的 AlN 相比，AlN:Sm^{2+} 的衍射峰向较低的角度略微移动，表明 Al^{3+}（0.054 nm）被半径更大的 Sm^{2+}（0.122 nm）所取代，导致了 AlN 晶格常数的增加，使晶格产生畸变。AlN:Sm^{2+} 的 EDS 能谱如图 9-2 所示，经半定量分析表明合成的样品由 Al、N、Sm 元素组成，摩尔比为 53:46:1。

9.1.2　SEM 和 TEM 表征与分析

图 9-3（a）为 AlN:Sm^{2+} 纳米分支结构的低倍率扫描电镜图像，可看出在整个区域内分布有高纯度的不对称纳米分支结构。所有的纳米分支结构都是由一根长 10 μm 的主干和平行的纳米分支组成的，这些纳米分支从主干的一侧垂直生长。图 9-3（b）显示了 AlN:Sm^{2+} 纳米分支结构的高倍率扫描电镜图像。AlN 主干的一侧表面有许多分支，直径为 100~200 nm，长度为 1~2 μm。如图 9-3（c）所示的

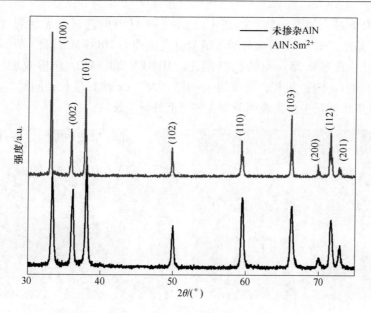

图 9-1　AlN 与 AlN: Sm^{2+} 纳米分支结构 XRD 图谱对比

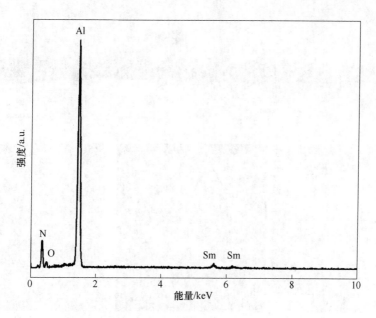

图 9-2　AlN: Sm^{2+} 纳米分支结构的 EDS 能谱

具有代表性的非对称纳米分支结构的透射电镜图像进一步显示了样品清晰的非对称纳米分支结构,该结构具有明显的主干和高度有序的分支。图 9-3 (d) 为主干和分支连接处的 HRTEM 图像,测量其晶格条纹间距为 0.25 nm,与纤锌矿 AlN

中的（001）晶面间距一致。图 9-3（e）为主干区域的选区电子衍射（SAED），表明其单晶性。图 9-3（f）也显示了纳米分支结构的 HRTEM 图像，与图 9-3（d）所示相同，具有 0.25 nm 的晶格间距。HRTEM 和 SAED 分析表明，主干沿（010）方向（a 轴）生长，分支沿（001）方向（c 轴）生长；同时，主干和分支的晶格条纹相互平行，表明分支在主干上外延生长。

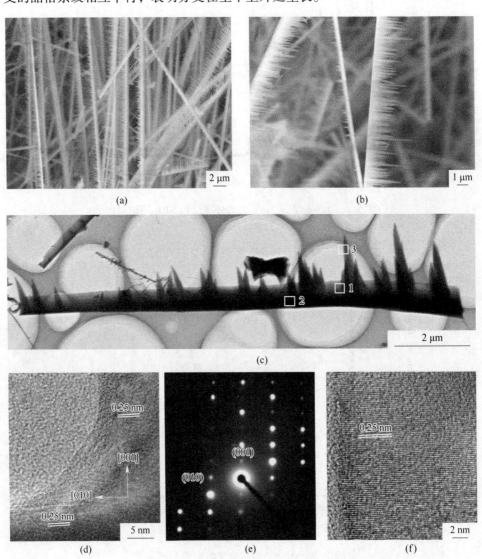

图 9-3　AlN: Sm^{2+} 纳米分支结构的形貌图

(a) 低倍率 SEM 图像；(b) 高倍率 SEM 图像；(c) TEM 图像；(d) 图 (c) 中标记为 1 的区域的 HRTEM 图像；(e) 图 (c) 中标记为 2 的主干的典型 SAED 模式；
(f) 图 (c) 中标记为 3 的区域的 HRTEM 图像

9.1.3 XPS 表征与分析

AlN:Sm^{2+} 纳米分支结构的 XPS 全谱如图 9-4 所示，Al 2s、Al 2p 和 N 1s 峰能够清晰地展现出来。Al 2p 精细能级光谱如图 9-5 所示，可以拟合为 73.6 eV 和 74.5 eV 的两个高斯峰，分别对应 Al—N 和 Al—O 结合能。Al—O 键的存在表明 O 杂质合并进入了 AlN 晶格，与 EDS 能谱吻合程度较好。

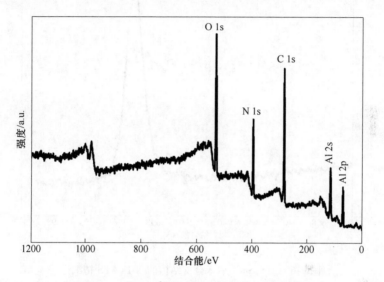

图 9-4　AlN:Sm^{2+} 纳米分支结构的 XPS 全谱

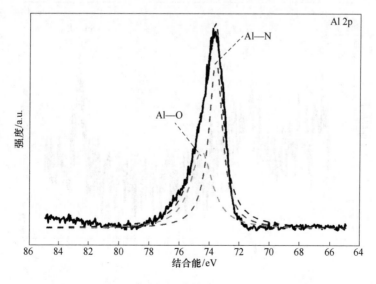

图 9-5　AlN:Sm^{2+} 纳米分支结构的 Al 2p XPS 精细谱

N 1s 中（见图 9-6），以 396.8 eV 为中心的峰对应于 N—Al 结合能。在 Sm 3d 谱中（见图 9-7），Sm $3d_{5/2}$ 和 Sm $3d_{3/2}$ 峰分别出现在 1072.0 eV 和 1104.7 eV 处，与 Sm^{2+} 价态相关。Sm^{3+} 价态位于 1083.3 eV 处的 $3d_{5/2}$ 峰未被观测到，表明 Sm 仅以二价形式掺杂。XPS 的结果说明 Sm^{2+} 被成功掺杂到 AlN 晶格中。

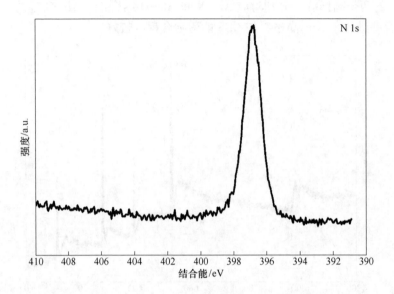

图 9-6　AlN:Sm^{2+} 纳米分支结构的 N 1s XPS 精细谱

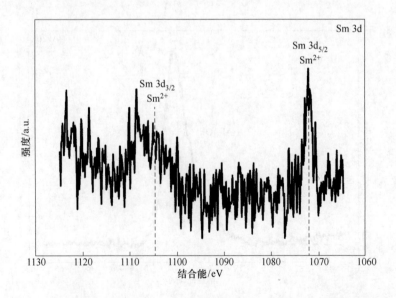

图 9-7　AlN:Sm^{2+} 纳米分支结构的 Sm 3d XPS 精细谱

9.2 发光特性表征

9.2.1 PLE 光谱和 PL 光谱表征与分析

图9-8 为686 nm 监测下的 AlN:1% Sm^{2+} 荧光粉的 PLE 激发光谱,由在约350 nm 和468 nm 处的两个宽吸收带组成,是由 Sm^{2+} 的 4f—5d 跃迁产生的,与 GaN 基紫外 (UV)和 InGaN 基蓝光 LED 芯片的发射相匹配[88]。PLE 激发光谱中 450~500 nm 的 4 条尖锐线分别对应于 $4f^5$ 构型分裂的 ^6H_J (J=13/2,11/2,9/2,7/2) 态[89]。

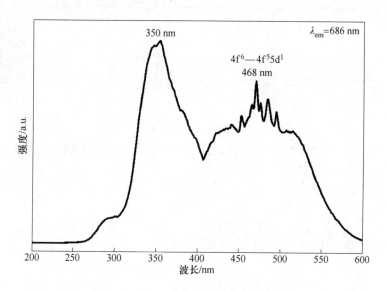

图 9-8 AlN:1% Sm^{2+} 的 PLE 激发光谱

AlN:1% Sm^{2+} 荧光粉在350 nm 或460 nm 激发下的发射光谱如图9-9 所示。AlN:1% Sm^{2+} 荧光粉在686 nm、700 nm、728 nm 和766 nm 处出现了4 个尖锐的发射峰,分别对应 Sm^{2+} 的 $^5D_0$—^7F_J (J=0,1,2,3) 跃迁。如图9-9 的插图所示,AlN:1% Sm^{2+} 荧光粉在365 nm 紫外光下拍摄的图像显示出深红色。Sm^{2+} 的跃迁机理如图9-10 所示,从图中可以看出从 $^5D_0$ 能级的跃迁占主导地位。这是由于在室温下,电子可以从上激发能级向 $^5D_0$ 能级进行非辐射能量转移,而上激发能级的热分布仍然可以忽略。主谱线位于686 nm 左右,表明 Sm^{2+} 在 AlN 宿主中占据了 Al^{3+} 位点,但是不具备中心对称性[89]。PL 结果表明,AlN:Sm^{2+} 是一种潜在的由紫外光和蓝光芯片激发白光 LED 的深红色荧光粉。此外,AlN:Sm^{2+} 纳米结构的垂直排列分支可以形成法布里-珀罗微腔,提高了光学增益和辐射复合的概率,从而提高了发光性能[90]。

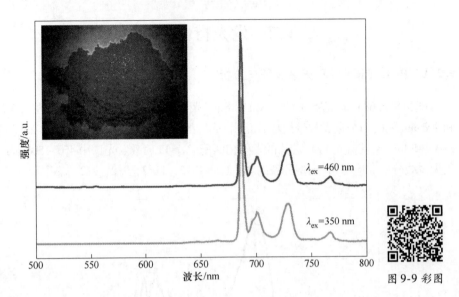

图 9-9 AlN:1% Sm^{2+} 的 PL 发射光谱

(插图是 AlN:1% Sm^{2+} 荧光粉在 365 nm 紫外灯照射下的图像)

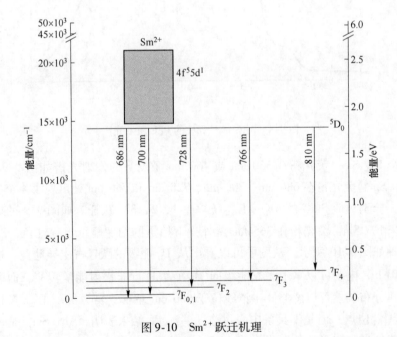

图 9-10 Sm^{2+} 跃迁机理

图 9-11 显示了 AlN:x Sm^{2+} ($x=0.5\%$,0.7%,1.0%,1.3%,1.5%)样品的激发和发射光谱。Sm^{2+} 掺杂浓度不同,激发和发射光谱位置和形状没有明

显变化。当 Sm^{2+} 掺杂浓度为 1.0% 左右时,发光强度迅速增大,达到最大值后便会随着 Sm^{2+} 含量的增加而减小,这一现象证实了荧光粉中浓度猝灭效应的存在,其中两个相邻发光中心之间的临界距离(R_c)通常被用来判断浓度猝灭的类型。Sm^{2+} 之间的临界距离 R_c 可用下式来估计[91]:

$$R_c = 2\left(\frac{3V}{4\pi X_c N}\right)^{\frac{1}{3}} \tag{9-1}$$

式中,V 为单位细胞的体积;X_c 为 Sm^{2+} 的临界浓度;N 为单位细胞中的宿主阳离子。在本书中,$V = 0.04182 \text{ nm}^3$,$X_c = 0.01$,$N = 2$,这种情况下,可计算出临界距离 R_c 为 1.59 nm[32]。当 $R_c < 0.5$ nm 时,交换相互作用占主导地位;而当

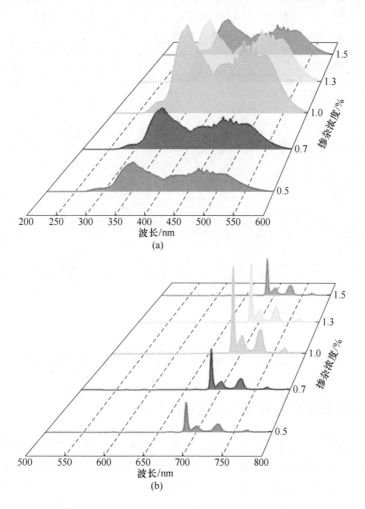

图 9-11 AlN: x Sm^{2+}(x = 0.5%,0.7%,1.0%,1.3%,1.5%)的
光致发光激发(a)和发射(b)光谱

$R_c > 0.5$ nm 时，多偶极子相互作用负责能量转移。因此，发光主要是由于 AlN 中 Sm^{2+} 之间的电多偶极子相互作用。Sm^{2+} 之间的相互作用类型可以通过下式确定：

$$\frac{I}{x} = k(1 + \beta x^{\frac{\theta}{3}})^{-1} \tag{9-2}$$

式中，I 为发射强度；x 为激活剂浓度；k 和 β 为与基质相互作用类型相关的常数。θ 的值代表了不同类型的电多极相互作用。$\theta = 3$、$\theta = 6$、$\theta = 8$ 和 $\theta = 10$ 分别对应于交换相互作用、偶极-偶极、偶极-四极、四极-四极相互作用。图 9-12 显示了 $\lg(I/x)$ 和 $\lg x$ 之间的线性关系，通过线性拟合($-\theta/3$)得到的斜率为 -2.813。因此，θ 的值为 8.439，接近于 8，说明偶极-四极相互作用在 AlN: Sm^{2+} 体系的能量传递过程中起主导作用。

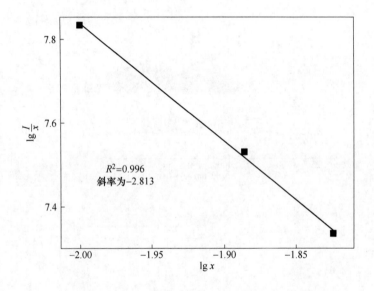

图 9-12　AlN: Sm^{2+} 纳米分支结构的 $\lg(I/x)$ 对于 $\lg x$ 的依赖性

9.2.2　温度变化对发光特性影响的表征与分析

当荧光粉在白光 LED 中使用时，LED 发射功率会使荧光粉长时间保持在约 423 K 的温度下。图 9-13 为 AlN: Sm^{2+} 纳米分支结构在不同温度下（293～533 K）的发射光谱。通常温度的升高会增加高振动态的概率、声子密度和非辐射转移（能量迁移到缺陷）的概率，导致发射强度逐渐降低[92]。这里，由于 AlN: Sm^{2+} 纳米结构中存在陷阱，$^5D_0$—$^7F_0$ 的发射强度随 Sm^{2+} 的跃迁最初略有增加（323 K

时),这是因为其中一些"存储"的电子可以随着温度升高而被激发到激发态[69]。之后,由于热猝灭效应,发射强度随着温度从 323 K 升高到 533 K 而逐渐降低。值得注意的是,在 413 K 时,AlN:Sm^{2+} 荧光粉的相对发射强度为 293 K 时的 78.2%,表明 AlN:Sm^{2+} 荧光粉在作为白色 LED 器件中的深红色发射候选材料方面具有很大的潜力。

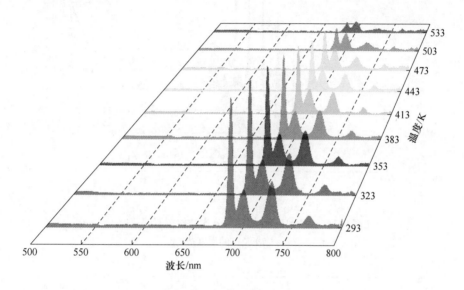

图 9-13 AlN:Sm^{2+} 纳米分支结构在不同温度下
(293~533 K) 的发射光谱

图 9-14 是在 4~279 K 的宽低温范围内对 AlN:1% Sm^{2+} 进行的原位 PL 发射光谱研究。随着温度的降低,$^5D_0$—$^7F_0$ 跃迁的峰值表现出轻微的红移,其位移速率约为 1.4×10^{-5} nm/K,这与 Sm^{2+} 掺杂其他材料在低温下的报道一致[79]。在高温范围(293~533 K)内,$^5D_0$—$^7F_0$ 发射线随着温度的升高而向较低波长移动(蓝移),其位移速率 $d\lambda/dT \approx 2.48 \times 10^{-4}$ nm/K(见图 9-15)。蓝移通常是由于 Sm—N 键距离的增加导致了 Sm^{2+} 基态和激发态能级之间的能隙略微增加。图 9-15 为 $^5D_0$—$^7F_0$ 发射的峰值质心(峰位)和半高宽 Γ(FWHM)随温度的变化曲线。对其进行拟合:$\lambda = 686.1356 - 6.9321 \times 10^{-5} T + 4.68144 \times 10^{-7} T^2 - 1.04492 \times 10^{-9} T^3$,$R^2 = 0.997$($\lambda$ 为峰值质心,T 为温度,R 为相关性系数)。所确定的温度校正曲线可用于压强校准。此外,AlN:Sm^{2+} 的 $^5D_0$—$^7F_0$ 谱线在 4 K 时的 Γ 约为 3.31 nm,在 553 K 时 Γ 增加至约 4.37 nm,因此可看出样品的温度诱导发射峰变宽非常小,$d\Gamma/dT \approx 2.0 \times 10^{-3}$ nm/K。由于 AlN:Sm^{2+} 荧光粉的 $^5D_0$—$^7F_0$ 发射峰表现出几乎可以忽略的温度诱导变宽和非常弱的温度漂移,因此可以被应用于 LCD 背光显示器中。

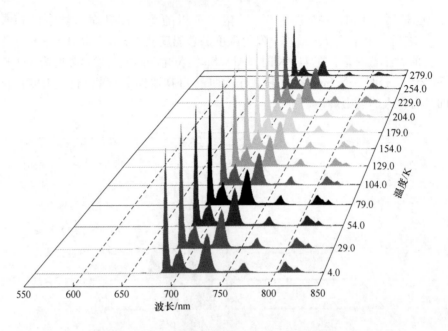

图 9-14 AlN:1%Sm^{2+} 纳米分支结构在不同温度下
(4~279 K) 的发射光谱

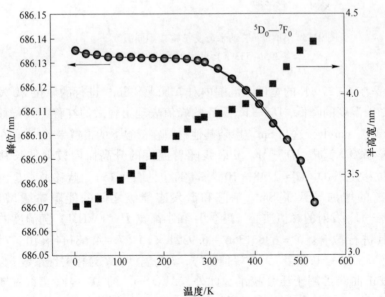

图 9-15 彩图

图 9-15 $^5D_0$—$^7F_0$ 发射的峰值质心（峰位）和半高宽
随温度的变化曲线
（红线是峰值质心的拟合线）

9.2.3 衰减特性表征

选取发光强度最强的 Sm 掺杂浓度为 1% 的 AlN:Sm^{2+} 荧光粉,对 AlN:Sm^{2+} 荧光粉在室温下 686 nm 处的荧光寿命进行了测量,激发波长为 350 nm。AlN:1% Sm^{2+} 荧光粉的荧光衰减曲线如图 9-16 所示,可以用双指数方程拟合[93]:

$$I(t) = A_1 e^{-\frac{t}{\tau_1}} + A_2 e^{-\frac{t}{\tau_2}} \tag{9-3}$$

式中,I 为 t 时刻的荧光强度;A_1 和 A_2 为常数;τ_1 和 τ_2 分别为荧光寿命,得到平均寿命为 1.17 ms,与 Sm^{2+} 掺杂其他材料一致,均为毫秒级。

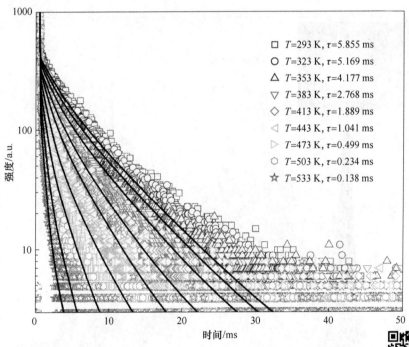

图 9-16　AlN:1% Sm^{2+} 纳米分支结构的荧光衰减曲线

图 9-16 彩图

9.2.4　WLED 的封装和电致发光特性

为了进一步证明 AlN:Sm^{2+} 荧光粉在白光 LED 和背光显示器中的实际应用,使用蓝光 InGaN(460 nm)LED 芯片和商用 YAG:Ce^{3+} 黄色荧光粉与 AlN:Sm^{2+} 深红色荧光粉的混合物制作了白光 LED,所制备的白光 LED 在 3.2 V、350 mA 下的电致发光光谱如图 9-17 所示。通过低色温（4875 K）、高显色指数（87.9）和良好的 CIE 坐标（0.36，0.44）实现了暖白光发射，进一步证明了 AlN: Sm^{2+} 荧光粉具有良好的发光性能。由于 AlN: Sm^{2+} 的超窄发射，AlN: Sm^{2+} 显示出接近统一的颜色纯度，高达 99%，因此使用 AlN: Sm^{2+} 深红色荧光粉、β-SiAlON: Eu^{2+} 和传统 InGaN 芯片组成 LED 器件，其放光峰实现了超宽色域（117.6%），如图 9-18 所示，高于 $CaAlSiN_3$: Eu^{2+} 荧光粉的色域（99.3%），且超出标准色域，证明了 AlN: Sm^{2+} 荧光粉作为背光显示器应用的超窄深红色荧光粉的可行性以及优越性。

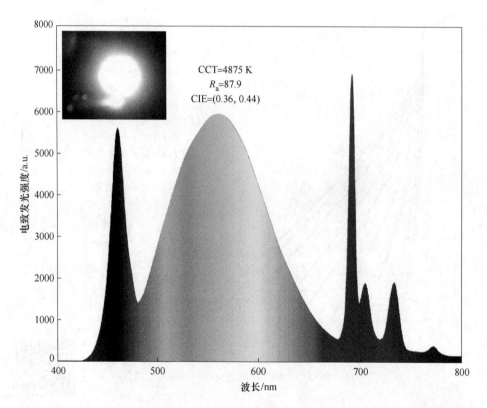

图 9-17　利用商用 YAG: Ce^{3+} 和 AlN: Sm^{2+} 深红色荧光粉和 460 nm 蓝光 LED 芯片，在 350 mA 下制作的白光 LED 器件的 EL 光谱

（插图显示了由 460 nm 芯片激发的所制备的 LED 器件的相应照明图像）

图 9-17 彩图

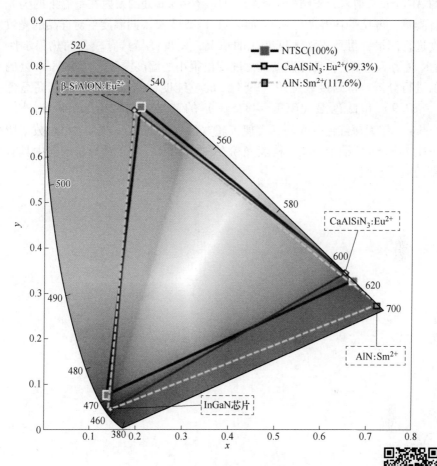

图 9-18 从 CaAlSiN$_3$:Eu^{2+} 荧光粉获得的 LED 器件和
从 AlN:Sm^{2+} 荧光粉获得的 LED 器件的
标准 NTSC 区域的颜色空间

图 9-18 彩图

9.3 本章小结

在本章中,通过直流电弧法成功制备了 Sm^{2+} 掺杂的 AlN (AlN:Sm^{2+}) 纳米分支结构样品。通过 XRD、XPS 和 EDS 表征,表明所得纳米分支结构为纯相、结晶性良好的纤锌矿 AlN,对应于 PDF 卡 No. 08-0262。通过对产物进行 SEM、TEM 分析,可以观察到 AlN:Sm^{2+} 上分布有大面积高纯度的不对称纳米分支结构。XPS 证明了 Sm 以正二价态掺杂进入 AlN 晶格中,这与在 686 nm 处 $^5D_0$—$^7F_0$ 跃迁的深红色光致发光可以很好地呼应。通过选取 Sm 掺杂浓度为 1% 时发光强度最强的 AlN:Sm^{2+} 纳米分支结构荧光粉，对其 686 nm 处的发射在室温下的荧光寿命进行测量，可见平均寿命为 1.17 ms。在 4~533 K 不同温度下对样品的光致发光强度进行测量，得到其随温度变化的情况，发现样品具有较强的热稳定性（在 413 K 时为 78.2%），且随温度变化展现出很小的温度漂移。对 686 nm 处的超窄发射进行分析，得到接近统一（99%）的色纯度，制备了一种具有高显色指数（$R_a \approx 87.9$）和低色温（CCT $\approx$ 4875 K）的蓝泵浦暖白光 LED。此外，使用 AlN:Sm^{2+} 作为深红色荧光粉，实现了超宽的色域（117.6%）。实验数据所得结果表明 AlN:Sm^{2+} 纳米分支结构荧光粉在白光 LED、LCD 背光显示器中具有十分广阔的应用空间。

10 AlN:Sm^{2+} 纳米分支结构的高压性能研究

高压物性分析是通过压强的变化来调节原子间距、相邻电子轨道之间的重叠、能带间隙等来研究材料结构和性能的实验方法。高压下体材料的结构相变以及可压缩性的研究一直以来是高压物理研究中的重要课题，而纳米尺寸的材料因其尺寸小、具有独特的纤维状结构和较大的比表面积，表现出区别于体材料的独有的物化性质。因此，研究纳米材料在高压下的结构相变和可压缩性具有十分重要的意义。目前，红宝石 R_1 发光峰的 $d\lambda/dp \approx 0.35$ nm/GPa 被广泛应用于金刚石对顶砧压机中压强标定，因为它具有较高的光谱分辨率和灵敏度，可以在宽激发波段（350~600 nm）使用简单的光谱仪测量，适用于非常高的压强值（100 GPa 以上）[94]。但是，它也存在着发射线位移（$d\lambda/dT \approx 0.007$ nm/K）对温度依赖性强、发射峰较宽、高压条件下红宝石峰（R_1 和 R_2）重叠较多等缺点，阻碍了系统中压强值的准确测定。

许多关于优秀光学压强传感器替代红宝石的研究工作已经被报道。其中，Sm^{2+} 掺杂 $SrFCl$、SrB_4O_7 和 SrB_2O_4，因其在高压条件下良好的荧光性能而被用作发光压强传感器材料[85,95-96]，然而，它们可能与化学活性压强介质发生反应，这限制了其在压强传感中的应用。截至目前还没有关于 Sm^{2+} 掺杂 AlN 纳米材料的高压物性分析，因此有必要选择Ⅲ-Ⅴ族氮化物 AlN 为研究对象，探究 Sm^{2+} 掺杂 AlN 纳米材料在高压下的性能。

从压强变化时光致发光改变、拉曼相变，可以推断出晶体场环境的变化以及晶体结构的改变，因此，在本章中通过加压、卸压下一系列光致发光的变化以及拉曼光谱模式的改变来探究样品荧光和晶体结构的稳定性。

10.1 高压光致发光分析

为了研究 AlN:Sm^{2+} 荧光粉的压强传感能力，使用 Sm 最佳掺杂浓度为 1% 的 AlN:Sm^{2+} 样品在环境压强高达 25.1 GPa 下进行了高压测量。AlN:Sm^{2+} 典型的压强依赖性 PL 光谱如图 10-1（a）所示，光谱范围为 650~850 nm。发射光谱中包含

5 个尖峰，分别对应于 Sm^{2+} 的 $^5D_0$—^7F_J (J = 0, 1, 2, 3, 4) 跃迁。在选定压强下压缩时记录的 AlN: Sm^{2+} 的光学显微图像如图 10-1（b）所示。

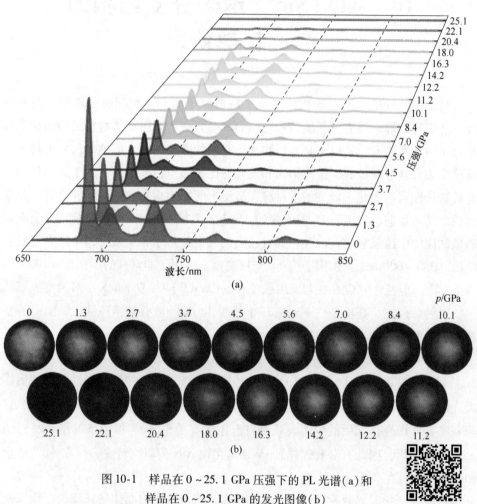

图 10-1　样品在 0～25.1 GPa 压强下的 PL 光谱（a）和样品在 0～25.1 GPa 的发光图像（b）

图 10-1 彩图

图 10-2 显示了 PL 峰值位置随压强改变时的位移变化，可以清楚地看到随着压强的增大，所有发射峰都显示出线性红移（向较低能量-较高波长）。这些位移归因于 Sm—N 距离的压缩和 Sm^{2+} 与其配体之间更强的相互作用，导致了基态和激发态之间的能量差减少，这与 Sm^{2+} 掺杂其他材料的压强行为一致，表 10-1 显示了每个跃迁峰值的准确 $d\lambda/dp$ 值[85,95-96]。虽然在施加压强时 $^5D_0$—$^7F_0$ 过渡线的位移不是最大的，但与其他发射峰相比，$^5D_0$—$^7F_0$ 发射峰最窄、强度最大，因此是压强传感器的最佳选择。

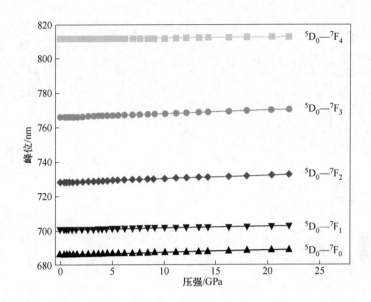

图 10-2　AlN: Sm^{2+} 纳米分支结构的峰值质心（峰位）随压强的变化

表 10-1　每个跃迁峰值的准确 $d\lambda/dp$

$^5D_0—^7F_J$	$\frac{d\lambda}{dp}$/nm·GPa^{-1}
$^5D_0—^7F_0$	0.130
$^5D_0—^7F_1$	0.088
$^5D_0—^7F_2$	0.188
$^5D_0—^7F_3$	0.192
$^5D_0—^7F_4$	0.067

图 10-3 显示了 $^5D_0—^7F_0$ 在压缩-减压过程中的峰位和半高宽随压强的变化趋势，可以看出减压过程中峰值位置从 686.1 nm（环境压强下）可逆地移动到 689.1 nm（22 GPa 以下）。采用线性拟合（$R^2 = 0.9979$），计算出 $^5D_0—^7F_0$ 的位移率约为 0.130 nm/GPa（见表 10-1），略小于其他压强传感材料；不同压强传感材料的 $d\lambda/dp$ 见表 10-2[85,94,96-97]。在图 10-3 中还可以观察到随着压强的增加，AlN 体积逐渐减小，所有发射峰逐渐变宽，这主要是由于高压诱导效应，如晶体场增强、电子-声子耦合以及晶格缺陷和畸变的增加[74,98]。$^5D_0—^7F_0$ 的 FWHM 从环境压强下的 3.88 nm 逐渐增大到 22 GPa 时的 4.38 nm，得到 $d\Gamma/dp \approx 0.023$ nm/GPa。

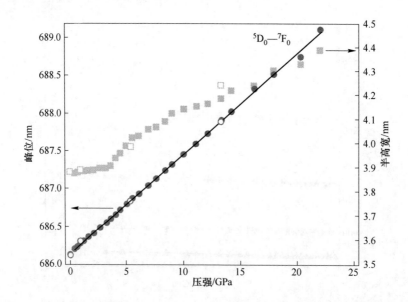

图 10-3　AlN: Sm^{2+} 纳米分支结构的 $^5D_0$—$^7F_0$ 发射峰峰位及半高宽 Γ 随压强的变化

(实心符号表示压缩数据，空心符号表示卸压数据)

表 10-2　不同压强传感材料的 $d\lambda/dp$

压强传感材料	$\dfrac{d\lambda}{dp}$/nm·GPa^{-1}
AlN: Sm^{2+}	0.133
Al_2O_3: Cr^{3+}（红宝石）	0.365
SrB_4O_7: Sm^{2+}	0.255
SrB_2O_4: Sm^{2+}	0.24
$Y_3Al_5O_{12}$（YAG）: Eu^{3+}	0.197
$Y_3Al_5O_{12}$（YAG）: Sm^{3+}	0.30

图 10-4 显示了 $^5D_0$—^7F_J（$J=0, 1, 2$）跃迁发射峰积分强度随压强的变化。在低压区（小于 2 GPa），由于样品厚度快速减小，发射强度迅速降低[76]。此后，随着压强的增加，强度逐渐降低，这种现象与晶体质量降低[73]、缺陷和应变产生[77]、Sm^{2+} 间距缩短导致能量转移交叉弛豫过程的概率增加[85]以及电子-声子耦合和多声子弛豫过程的增强有关[99]。当压强高于 20 GPa 时，由于此时产生从纤锌矿相到岩盐矿相的相变，PL 强度再次迅速降低。从图 10-1（b）所示的 AlN: Sm^{2+} 显微图像中可以清楚地观察到随着施加压强的增加，深红色光逐渐变弱，并在 20 GPa 以上消失。

对于微结构，Sm^{2+} 被认为是一种良好的光学探针，由压强引起的晶格常数

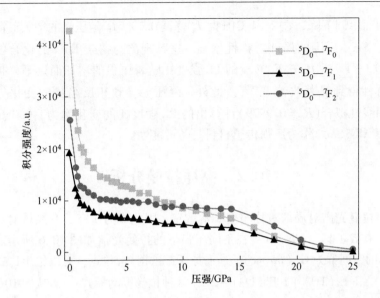

图 10-4 AlN: Sm^{2+} 纳米分支结构 $^5D_0$—^7F_J ($J=0$, 1, 2) 跃迁发射峰积分强度随压强的变化

的变化会影响局部对称性。$^5D_0$—$^7F_0$ 主要是一个电偶极子跃迁,其强度对局域晶体场敏感;而 $^5D_0$—$^7F_1$ 是一个磁偶极子跃迁,与晶体场无关[95]。因此,$^5D_0$—$^7F_0$ 与 $^5D_0$—$^7F_1$ 跃迁的 PL 强度比 (I_R) 可以很好地反映 AlN: Sm^{2+} 在外加压强下的局部对称性变化。图 10-5 显示了 I_R 随压强的变化,最初,I_R 为 2.22,然后 I_R 随压

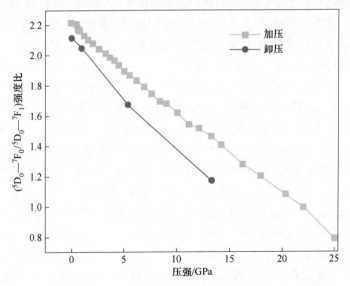

图 10-5 $^5D_0$—$^7F_0$/$^5D_0$—$^7F_1$ 跃迁的 AlN: Sm^{2+} 纳米分支结构强度比随压强的变化

强的增加而单调下降，在 25.1 GPa 时 I_R 降至 0.79。I_R 随压强的增大而降低表明了 AlN 中 Sm^{2+} 周围的局部对称性增强。这种现象与掺杂 Eu^{3+} 的化合物非常相似，其 $^5D_0$—$^7F_2$ 至 $^5D_0$—$^7F_1$ 转变的 PL 强度比随着压强的增加而逐渐降低，表明 Eu^{3+} 对称性得到显著改善[100-101]。此外，降压会导致相反趋势的变化，I_R 值略低。应用线性拟合（$R^2 = 0.9979$）计算出的 PL 强度比的变化率为 -0.056 GPa^{-1}，表明使用 AlN:Sm^{2+} 作为压强传感材料具备可能性。

10.2 高压拉曼分析

由于拉曼光谱对局部对称畸变非常敏感，因此成为研究具有晶体对称性的光致发光的有效工具。AlN:Sm^{2+} 在不同压强下的拉曼光谱如图 10-6 所示。纤锌矿 AlN 晶体的空间群为 C_{v4}^6（$P6_3mc$），所有原子都占据 C_{3v} 位点，可以给出 1 A_1(TO) + 1 A_1(LO) + 1 E_1(TO) + 1 E_1(LO) + 2 E_2 六种拉曼振动模式[97]。从图 10-6（a）中可以清楚地看到六种拉曼振动模式 [247 cm^{-1} 处的 E_2(low)、611 cm^{-1} 处的 A_1(TO)、657 cm^{-1} 处的 E_2(high)、670 cm^{-1} 处的 E_1(TO)、883 cm^{-1} 处的 A_1(LO) 和 912 cm^{-1} 处的 E_1(LO)][102-103]。此外，以 1031 cm^{-1} 为中心的超宽峰对应于来自传输介质（甲醇、乙醇、水，体积比 16:3:1）的甲醇的强 C—O 拉伸模式[100]。A_1(TO)、E_2(high) 和 E_1(TO) 模式的振动频率随着压强的增加而增加，E_2(low) 模式的振动频率则由于晶格常数的降低而略有增加。另外，随着压强的逐渐增加，晶体结晶度的降低导致了晶体缺陷和应变的增加。在 18.2 GPa 时，拉曼光谱仍可归因于纤锌矿相；在约 19.9 GPa 时，新的拉曼信号出现在 349.5 cm^{-1}、475.2 cm^{-1} 和 654.3 cm^{-1}（标记为 A、B 和 C）处，而分配给重叠的 A_1(LO) 和 E_1(LO) 模式的峰突然变宽并且呈现不对称性，表明在 800~1000 cm^{-1} 区域出现了标记为 E 和 F 的额外拉曼信号。这一行为表明 AlN:Sm^{2+} 在 19.9 GPa 时出现了纤锌矿相到岩盐矿相的结构相变[53,104]。E_2(high) 模式的斜率在 21.67 GPa 时是不连续的，表明此时出现了一个新的标记为 D 的拉曼信号。

如图 10-7 所示，当压强从 30.3 GPa 降低到环境压强时，岩盐矿相的 A、B、C、D、E 和 F 模式仍然可以明显区分，表明这种转变是不可逆的。如图 10-8 所示，声子频率的压强依赖性可以通过线性关系拟合，而所有峰值的能量移动率在表 10-3 中给出。计算所得的 AlN:Sm^{2+} 的拉曼振动模式的压强系数低于未掺杂的 AlN 体材料，高于未掺杂的 AlN 纳米线。拉曼振动模式的压强系数显示出可压缩性，但由于纳米线的固有几何形状，AlN 纳米线的可压缩性较低[54]。在本书中，AlN:Sm^{2+} 具有纳米分支结构，可认为其是具有高纵横比的纳米线，同时大尺寸 Sm^{2+} 被引入 AlN 晶格，导致晶格畸变和空位缺陷，从而增强了压缩性。因此，AlN:Sm^{2+} 荧光粉的可压缩性处于块状 AlN 和 AlN 纳米线之间[70,105]。

10.2 高压拉曼分析

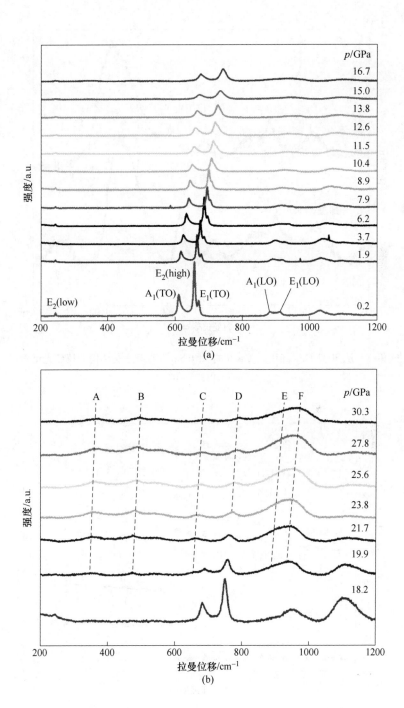

图 10-6　AlN:Sm^{2+} 纳米分支结构的压强依赖性拉曼光谱
(a) 0.2~16.7 GPa；(b) 18.2~30.3 GPa

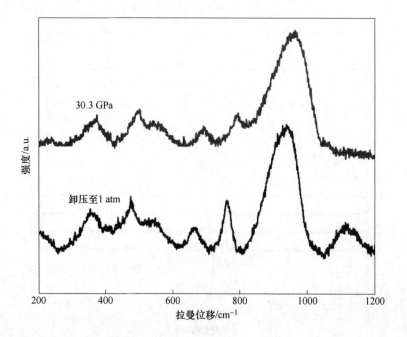

图 10-7　从 30.3 GPa 卸压至 1 atm 的 AlN: Sm^{2+} 纳米分支结构的拉曼光谱对比
(1 atm = 1.01325×10^5 Pa)

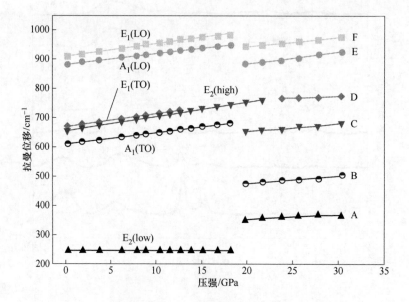

图 10-8　AlN: Sm^{2+} 纳米分支结构的振动模式的压强依赖性
（高压相分别用 A、B、C、D、E 和 F 进行标记）

10.2 高压拉曼分析

表 10-3 峰值的能量移动率

振动模式	$\dfrac{dE}{dp}/cm^{-1} \cdot GPa^{-1}$
E_1 (low)	0.07
A_1 (TO)	3.92
E_2 (high)	5.05
E_1 (TO)	3.02
A_1 (LO)	3.76
E_1 (LO)	4.07
A	1.45
B	2.88
C	1.99
D	2.41
E	3.78
F	3.11

此外,对于高压传感,高压下的结构稳定性也非常重要。如上所述,位于 Al^{3+} 位点的较大尺寸的 Sm^{2+} 导致 AlN 中产生空位和晶格畸变,会减少相变势垒,并加速相变过程。在先前的研究中,Sc 和 Y 掺杂的 AlN 纳米六棱柱的相变压强 p_T 分别始于 18.6 GPa 和 16.2 GPa,这远低于未掺杂的 AlN 体材料 (20.0 ~ 22.9 GPa)[105]。对于未掺杂的 AlN 纳米线,由于其固有的几何结构,p_T 始于 24.9 GPa[53]。在本书的研究中,AlN: Sm^{2+} 荧光粉的 p_T 始于 19.9 GPa,接近于 AlN 体材料的 p_T,这是因为纳米分支结构增强了高压下的结构稳定性,各种纤锌矿 AlN 材料的相变压强具体数值如表 10-4 所示[53]。因此,具有纳米分支结构的 AlN: Sm^{2+} 荧光粉适用于宽压强范围内的压强传感器。

表 10-4 纤锌矿 AlN 材料的相变压强

纤锌矿 AlN 材料	相变压强 p_T/GPa	参考文献
AlN 纳米线	24.9	[102]
AlN 体材料	20 ~ 22.9	[106]
AlN 纳米晶	14.5	[52]
AlN: Y 纳米六棱柱	16.2	[105]
AlN: Sc 纳米六棱柱	18.6	[105]
AlN: Eu 纳米线	18.78	[73]
AlN: Co 纳米线	15.0	[70]
AlN: Sm 纳米分支结构	19.9	本书

10.3 本章小结

本章选用 Sm 掺杂浓度为 1% 时发射强度最大的 AlN: Sm^{2+} 纳米分支结构样品进行高压物相研究。通过原位高压光致发光实验，发现随着静水压强从 0 GPa 增加至 25 GPa，AlN: Sm^{2+} 纳米分支结构中的 Sm^{2+} 所处晶体场结构会发生变化，Sm^{2+} 与配位体 N^{3-} 之间的距离变短，引发了电子云膨胀效应，Sm^{2+} 与其配体之间相互作用变得更强，导致基态和激发态之间的能量差减少，从而 $^5D_0$—^7F_J ($J=0,1,2,3,4$) 发射峰在施加压强下呈线性红移（$d\lambda/dp \approx 0.13$ nm/GPa），此外 PL 强度比（$^5D_0$—$^7F_0$/$^5D_0$—$^7F_1$）从 2.2 逐渐降低到 0.79（$^5D_0$—$^7F_0$/$^5D_0$—$^7F_1$，$dI_R/dp \approx -0.056$ GPa^{-1}），这都是因为随着压强的增加，Sm^{2+} 周围的局部对称性增强。

在 AlN: Sm^{2+} 纳米分支结构的原位高压拉曼性能研究中，结合高压发光数据分析结果可以看出拉曼散射峰随着压强的增加而逐渐变宽和变弱，在 19.9 GPa 时出现新的拉曼信号（A、B、C），表明此时 AlN: Sm^{2+} 从纤锌矿相变成岩盐矿相。降压时岩盐矿相的六种振动模式仍可明显区分，表明相变的不可逆性。Sm^{2+} 的大量掺杂和独特的固有几何结构共同影响了其在高压下的可压缩性和结构稳定性。本书的实验结果表明，Sm^{2+} 的掺杂改变了 AlN 基质的稳定性和相变压强，对今后利用高压获得 AlN: Sm^{2+} 纳米分支结构发光材料有着重要的意义，表明了其在宽压强范围内的压强传感器方面具有广阔的应用前景。

参 考 文 献

[1] KNEISSL M, SEONG T Y, HAN J, et al. The emergence and prospects of deep-ultraviolet light-emitting diode technologies [J]. Nature Photonics, 2019, 13 (4): 233-244.

[2] FU H Q, HUANG X Q, CHEN H, et al. Fabrication and characterization of ultra-wide bandgap AlN-based Schottky diodes on sapphire by MOCVD [J]. Ieee Journal of the Electron Devices Society, 2017, 5 (6): 518-524.

[3] DANG T M L, KIM C Y, ZHANG Y M, et al. Enhanced thermal conductivity of polymer composites via hybrid fillers of anisotropic aluminum nitride whiskers and isotropic spheres [J]. Composites Part B-Engineering, 2017, 114: 237-246.

[4] BACA A G, ARMSTRONG A M, ALLERMAN A A, et al. An $AlN/Al_{0.85}Ga_{0.15}N$ high electron mobility transistor [J]. Applied Physics Letters, 2016, 109 (3): 033509.

[5] XIE C, LU X T, TONG X W, et al. Recent progress in solar-blind deep-ultraviolet photodetectors based on inorganic ultrawide bandgap semiconductors [J]. Advanced Functional Materials, 2019, 29 (9): 1806006.

[6] ZHENG W, HUANG F, ZHENG R S, et al. Low-dimensional structure vacuum-ultraviolet-sensitive ($\lambda < 200$ nm) photodetector with fast-response speed based on high-quality AlN micro/nanowire [J]. Advanced Materials, 2015, 27 (26): 3921-3927.

[7] ZHAO S, CONNIE A T, DASTJERDI M H T, et al. Aluminum nitride nanowire light emitting diodes: Breaking the fundamental bottleneck of deep ultraviolet light sources [J]. Scientific Reports, 2015, 5: 8332.

[8] KIM H W, KEBEDE M A, KIM H S. Temperature-controlled growth and photoluminescence of AlN nanowires [J]. Applied Surface Science, 2009, 255 (16): 7221-7225.

[9] XU C, XUE L, YIN C, et al. Formation and photoluminescence properties of AlN nanowires [J]. Physica Status Solidi (a), 2003, 198 (2): 329-335.

[10] 苏赞加, 刘飞, 李力. 大面积超长氮化铝纳米线的制备及场发射特性研究 [J]. 液晶与显示, 2010, 25 (4): 546.

[11] KASU M, KOBAYASHI N. Field-emission characteristics and large current density of heavily Si-doped AlN and $Al_xGa_{1-x}N$ ($0.38 \leq x \leq 1$) [J]. Applied Physics Letters, 2001, 79 (22): 3642-3644.

[12] HUANG H M, CHEN R S, CHEN H Y, et al. Photoconductivity in single AlN nanowires by subband gap excitation [J]. Applied Physics Letters, 2010, 96 (6): 062104.

[13] TANG Y B, BO X H, XU J, et al. Tunable P-type conductivity and transport properties of AlN nanowires via Mg doping [J]. ACS Nano, 2011, 5 (5): 3591-3598.

[14] YAZDI G R, PERSSON P O Å, GOGOVA D, et al. Aligned AlN nanowires by self-organized vapor-solid growth [J]. Nanotechnology, 2009, 20 (49): 495304.

[15] TANIYASU Y, KASU M, MAKIMOTO T. An aluminium nitride light-emitting diode with a wavelength of 210 nanometres [J]. Nature, 2006, 441 (7091): 325-328.

[16] 袁娣, 黄多辉, 罗华锋. Be、Mg 掺杂 AlN 电子结构的第一性原理计算 [J]. 原子与分

子物理学报, 2012, 29 (5): 919-926.

[17] 张丽敏, 范广涵, 丁少锋. Mg、Zn 掺杂 AlN 电子结构的第一性原理计算 [J]. 物理化学学报, 2007, 23 (10): 1498-1502.

[18] 董玉成, 郭志友, 毕艳军. Zn、Cd 掺杂 AlN 电子结构的第一性原理计算 [J]. 发光学报, 2009, 30 (3): 314-320.

[19] 高小奇, 郭志友, 曹东兴, 等. Cd:O 共掺杂 AlN 的电子结构和 P 型特性研究 [J]. 物理学报, 2010, 59 (5): 3418-3425.

[20] LIU J Y, MA J N, DU X, et al. Tailoring P-type conductivity of aluminum nitride via transition metal and fluorine doping [J]. Journal of Alloys and Compounds, 2021, 862: 158017.

[21] CONTRERAS S, KONCZEWSKI L, BEN MESSAOUD J, et al. High temperature electrical transport study of Si-doped AlN [J]. Superlattices and Microstructures, 2016, 98: 253-258.

[22] WANG W B, MAYRHOFFER P M, HE X L, et al. High performance AlScN thin film based surface acoustic wave devices with large electromechanical coupling coefficient [J]. Applied Physics Letters, 2014, 105 (13): 133502.

[23] HAN R L, YUAN W, YANG H, et al. Possible ferromagnetism in Li, Na and K-doped AlN: A first-principle study [J]. Journal of Magnetism and Magnetic Materials, 2013, 326: 45-49.

[24] WU Q, LIU N, ZHANG Y L, et al. Tuning the field emission properties of AlN nanocones by doping [J]. Journal of Materials Chemistry C, 2015, 3 (5): 1113-1117.

[25] JADWISIENCZAK W M, LOZYKOWSKI H J, BERISHEV I, et al. Visible emission from AlN doped with Eu and Tb ions [J]. Journal of Applied Physics, 2001, 89 (8): 4384-4390.

[26] NAM K B, NAKARM I L, LI J, et al. Mg acceptor level in AlN probed by deep ultraviolet photoluminescence [J]. Applied Physics Letters, 2003, 83 (5): 878-880.

[27] INOUE K, HIROSAKI N, XIE R J, et al. Highly efficient and thermally stable blue-emitting AlN:Eu^{2+} phosphor for ultraviolet white light-emitting diodes [J]. The Journal of Physical Chemistry C, 2009, 113 (21): 9392-9397.

[28] JI X H, LAU S P, YU S F, et al. Ferromagnetic Cu-doped AlN nanorods [J]. Nanotechnology, 2007, 18 (10): 105601.

[29] LEI W W, LIU D, ZHU P W, et al. Ferromagnetic Sc-doped AlN sixfold-symmetrical hierarchical nanostructures [J]. Applied Physics Letters, 2009, 95 (16): 162501.

[30] LEI W, LIU D, CHEN X, et al. Ferromagnetic properties of Y-doped AlN nanorods [J]. The Journal of Physical Chemistry C, 2010, 114 (37): 15574-15577.

[31] MERKLE L D, SUTORIK A C, SANAMYAN T, et al. Fluorescence of Er^{3+}: AlN polycrystalline ceramic [J]. Opt. Mater. Express, 2012, 2 (1): 78-91.

[32] WANG X J, XIE R J, DIERRE B, et al. A novel and high brightness AlN:Mn^{2+} red phosphor for field emission displays [J]. Dalton Transactions, 2014, 43 (16): 6120-6127.

[33] BÜNZLI J C G, COMBY S, CHAUVIN A S, et al. New opportunities for lanthanide luminescence [J]. Journal of Rare Earths, 2007, 25 (3): 257-274.

[34] TAGUCHI A, TAKAEHI K, HORIKOSI Y. Multiphonon-assisted energy transfer between Yb 4f

shell and InP host [J]. Journal of Applied Physics, 1994, 76 (11): 7288-7295.

[35] TAGUCHI A, TAKAEHI K. Band-edge-related luminescence due to the energy backtransfer in Yb-doped InP [J]. Journal of Applied Physics, 1996, 79 (6): 3261-3266.

[36] WANG Y F, WANG S, WU Z L, et al. Photoluminescence properties of Ce and Eu co-doped YVO_4 crystals [J]. Journal of Alloys and Compounds, 2013, 551: 262-266.

[37] KUMAR V, SOM S, DUVENHAGE M M, et al. Effect of Eu doping on the photoluminescence properties of ZnO nanophosphors for red emission applications [J]. Applied Surface Science, 2014, 308: 419-430.

[38] WANG X C, ZHAO Z Y, WU Q S, et al. Structure, photoluminescence and abnormal thermal quenching behavior of Eu^{2+}-doped $Na_3Sc_2(PO_4)_3$: A novel blue-emitting phosphor for n-UV LEDs [J]. Journal of Materials Chemistry C, 2016, 4 (37): 8795-8801.

[39] STOJADINOVIC S, TADIC N, VASILIC R, et al. Photoluminescence of Sm^{2+}/Sm^{3+} doped Al_2O_3 coatings formed by plasma electrolytic oxidation of aluminum [J]. Journal of Luminescence, 2017, 192: 110-116.

[40] LIU T C, KOMINAMI H, GREER H F, et al. Blue emission by interstitial site occupation of Ce^{3+} in AlN [J]. Chemistry of Materials, 2012, 24 (17): 3486-3492.

[41] WIEG A T, PENILLA E H, HARDIN C L, et al. Broadband white light emission from Ce: AlN ceramics: High thermal conductivity down-converters for LED and laser-driven solid state lighting [J]. APL Materials, 2016, 4 (12): 126105.

[42] GIBA A E, PIGEAT P, BRUYERE S, et al. Strong room temperature blue emission from rapid thermal annealed cerium-doped aluminum (oxy)nitride thin films [J]. Acs Photonics, 2017, 4 (8): 1945-1953.

[43] ISHIKAWA R, LUPINI A R, OBA F, et al. Atomic structure of luminescent centers in high-efficiency Ce-doped-AlN single crystal [J]. Scientific Reports, 2014, 4: 3778.

[44] DO H S, CHOI S W, HONG S H. Blue-emitting AlN: Eu^{2+} powder phosphor prepared by spark plasma sintering [J]. Journal of the American Ceramic Society, 2010, 93 (2): 356-358.

[45] YIN L J, XU X, YU W, et al. Synthesis of Eu^{2+}-doped AlN phosphors by carbothermal reduction [J]. Journal of the American Ceramic Society, 2010, 93 (6): 1702-1707.

[46] CAI C, HAO L Y, XU X, et al. Synthesis of nanosized AlN: Eu^{2+} phosphors using a metal-organic precursor method [J]. Journal of Materials Research, 2014, 29 (20): 2466-2472.

[47] LIU Q, ZHANG L, LI J F, et al. Synthesis of AlN: Eu^{2+} green phosphors by a simple direct nitridation method [J]. Luminescence, 2017, 32 (4): 680-684.

[48] GIBA A E, PIGEAT P, BRUYERE S, et al. From blue to white luminescence in cerium-doped aluminum oxynitride: Electronic structure and local chemistry perspectives [J]. Journal of Physical Chemistry C, 2018, 122 (37): 21623-21631.

[49] HORVATH-BORDON E, RIEDEL R, ZERR A, et al. High-pressure chemistry of nitride-based materials [J]. Chemical Society Reviews, 2006, 35 (10): 987-1014.

[50] VEPREK S. The search for novel, superhard materials [J]. Journal of Vacuum Science & Technology A, 1999, 17 (5): 2401-2420.

[51] KESSEL R, SCHMIDT M W, ULLMER P, et al. Trace element signature of subduction-zone fluids, melts and supercritical liquids at 120-180 km depth [J]. Nature, 2005, 437 (7059): 724-727.

[52] WANG Z W, TAIK K, ZHAO Y S, et al. Size-induced reduction of transition pressure and enhancement of bulk modulus of AlN nanocrystals [J]. Journal of Physical Chemistry B, 2004, 108 (31): 11506-11508.

[53] SHEN L H, CUI Q L, MA Y M, et al. Raman scattering study of AlN nanowires under high pressure [J]. Journal of Physical Chemistry C, 2010, 114 (18): 8241-8244.

[54] SHEN L H, LI X F, MA Y M, et al. Pressure-induced structural transition in AlN nanowires [J]. Applied Physics Letters, 2006, 89 (14): 141903.

[55] TATEIWA N, HAGA Y. Evaluations of pressure-transmitting media for cryogenic experiments with diamond anvil cell [J]. Review of Scientific Instruments, 2009, 80 (12): 123901.

[56] SYASSEN K. Ruby under pressure [J]. High Pressure Research, 2008, 28 (2): 75-126.

[57] BISWAS K, HE J Q, BLUM I D, et al. High-performance bulk thermoelectrics with all-scale hierarchical architectures [J]. Nature, 2012, 489 (7416): 414-418.

[58] SUN G B, DONG B X, CAO M H, et al. Hierarchical dendrite-like magnetic materials of Fe_3O_4, $\gamma\text{-}Fe_2O_3$, and Fe with high performance of microwave absorption [J]. Chemistry of Materials, 2011, 23 (6): 1587-1593.

[59] LEI W W, LIU D, ZHU P W, et al. One-step synthesis of AlN branched nanostructures by an improved DC arc discharge plasma method [J]. Crystengcomm, 2010, 12 (2): 511-516.

[60] MOTAMEDI P, CADIEN K. XPS analysis of AlN thin films deposited by plasma enhanced atomic layer deposition [J]. Applied Surface Science, 2014, 315: 104-109.

[61] KITA T, ISHIZU Y, TSUJI K, et al. Thermal annealing effects on ultra-violet luminescence properties of Gd doped AlN [J]. Journal of Applied Physics, 2015, 117 (16): 163105.

[62] LI Y Q, DE WITH G, HINTZEN H T. Luminescence properties of Ce^{3+}-activated alkaline earth silicon nitride $M_2Si_5N_8$ (M = Ca, Sr, Ba) materials [J]. Journal of Luminescence, 2006, 116 (1): 107-116.

[63] YE S, XIAO F, PAN Y X, et al. Phosphors in phosphor-converted white light-emitting diodes: Recent advances in materials, techniques and properties [J]. Materials Science and Engineering R, 2010, 71 (1): 1-34.

[64] WANG Q S, WU W Z, ZHANG J, et al. Formation, photoluminescence and ferromagnetic characterization of Ce doped AlN hierarchical nanostructures [J]. Journal of Alloys and Compounds, 2019, 775: 498-502.

[65] ERRÉ F, LABBÉ C, DUFOUR C, et al. The nitrogen concentration effect on Ce doped SiO_xN_y emission: Towards optimized Ce^{3+} for LED applications [J]. Nanoscale, 2018, 10 (8): 3823-3837.

[66] VAN KREVEL J W H, HINTZEN H T, METSELAAR R, et al. Long wavelength Ce^{3+} emission in Y-Si-O-N materials [J]. Journal of Alloys and Compounds, 1998, 268 (1): 272-277.

[67] SOM S, KUNTI A K, KUMAR V, et al. Defect correlated fluorescent quenching and electron phonon coupling in the spectral transition of Eu^{3+} in $CaTiO_3$ for red emission in display application [J]. Journal of Applied Physics, 2014, 115 (19): 193101.

[68] WANG D D, XING G Z, YANG J H, et al. Dependence of energy transfer and photoluminescence on tailored defects in Eu-doped ZnO nanosheets-based microflowers [J]. Journal of Alloys and Compounds, 2010, 504 (1): 22-26.

[69] ZHU G, LI Z, WANG C, et al. Highly Eu^{3+} ions doped novel red emission solid solution phosphors $Ca_{18}Li_3(Bi,Eu)(PO_4)_{14}$: Structure design, characteristic luminescence and abnormal thermal quenching behavior investigation [J]. Dalton Transactions, 2019, 48 (5): 1624-1632.

[70] XU Y S, ZHU H Y, MA C L, et al. Pressure-induced structural phase transition in AlN: Mg and AlN: Co nanowires [J]. Journal of Solid State Chemistry, 2013, 202: 33-37.

[71] WANG Z, SAXENA S K, PISCHEDDA V, et al. In situ X-ray diffraction study of the pressure-induced phase transformation in nanocrystalline [J]. Physical Review B, 2001, 64 (1): 012102.

[72] YIN L J, ZHANG S H, WANG H, et al. Direct observation of Eu atoms in AlN lattice and the first-principles simulations [J]. Journal of the American Ceramic Society, 2019, 102 (1): 310-319.

[73] WANG Q S, WU W Z, WANG K, et al. High pressure photoluminescence properties and structural stability of Eu doped AlN nanowires synthesized via a direct nitridation strategy [J]. Journal of Alloys and Compounds, 2020, 823: 153804.

[74] RUNOWSKI M, WOZNY P, STOPIKOWSKA N, et al. Optical pressure sensor based on the emission and excitation band width (FWHM) and luminescence shift of Ce^{3+}-doped fluorapatite-high-pressure sensing [J]. Acs Applied Materials & Interfaces, 2019, 11 (4): 4131-4138.

[75] LAZAROWSKA A, MAHLIK S, GRINBERG M, et al. Pressure dependence of the $Sr_2Si_5N_8:Eu^{2+}$ luminescence [J]. Journal of Luminescence, 2015, 159: 183-187.

[76] WANG Y, WEN T, TANG L, et al. Impact of hydrostatic pressure on the crystal structure and photoluminescence properties of Mn^{4+}-doped $BaTiF_6$ red phosphor [J]. Dalton Transactions, 2015, 44 (16): 7578-7585.

[77] WISSER M D, CHEA M, LIN Y, et al. Strain-induced modification of optical selection rules in lanthanide-based upconverting nanoparticles [J]. Nano Letters, 2015, 15 (3): 1891-1897.

[78] LIU Z X, PAU S, SYASSEN K, et al. Photoluminescence and reflectance studies of exciton transitions in wurtzite GaN under pressure [J]. Physical Review B, 1998, 58 (11): 6696-6699.

[79] NARAMI M L, NEPAL N, UGOLINI C, et al. Correlation between optical and electrical properties of Mg-doped AlN epilayers [J]. Applied Physics Letters, 2006, 89 (15): 152120.

[80] LEI W W, LIU D, ZHU P W, et al. One-step synthesis of the pine-shaped nanostructure of aluminum nitride and its photoluminescence properties [J]. Journal of Physical Chemistry C, 2008, 112 (35): 13353-13358.

[81] KOBAYASHI T, SEKINE T, HIROSAKI N. Luminescence spectra of Eu^{2+}-containing materials under high pressures [J]. Optical Materials, 2009, 31 (6): 886-888.

[82] SU F H, CHEN W, DING K, et al. New observations on the pressure dependence of luminescence from Eu^{2+}-doped MF_2 (M = Ca, Sr, Ba) fluorides [J]. Journal of Physical Chemistry A, 2008, 112 (21): 4772-4777.

[83] RUNOWSKI M, SHYICHUK A, TYMINSKI A, et al. Multifunctional optical sensors for nanomanometry and nanothermometry: High-pressure and high-temperature upconversion luminescence of lanthanide-doped phosphates-$LaPO_4/YPO_4$: Yb^{3+}-Tm^{3+} [J]. Acs Applied Materials & Interfaces, 2018, 10 (20): 17269-17279.

[84] SU F H, FANG Z L, MA B S, et al. Pressure dependence of Mn^{2+} luminescence in differently sized ZnS: Mn nanoparticles [J]. Journal of Physical Chemistry B, 2003, 107 (29): 6991-6996.

[85] RUNOWSKIA M, WOZNY P, LAVÍN V, et al. Optical pressure nano-sensor based on lanthanide doped SrB_2O_4: Sm^{2+} luminescence-Novel high-pressure nanomanometer [J]. Sensors and Actuators B-Chemical, 2018, 273: 585-591.

[86] TYNER C E, DRICKAMER H G. Studies of luminescence efficiency of Eu^{2+} activated phosphors as a function of temperature and high pressure [J]. The Journal of Chemical Physics, 1977, 67 (9): 4116-4123.

[87] RODRIGUEZ-MENDOZA U R, CUNNINGHAM G B, SHEN Y R, et al. High-pressure luminescence studies in Ce^{3+}: Lu_2SiO_5 [J]. Physical Review B, 2001, 64 (19): 195112.

[88] BISPO A G, SARAIVA L F, LIMA S A M, et al. Recent prospects on phosphor-converted LEDs for lighting, displays, phototherapy, and indoor farming [J]. Journal of Luminescence, 2021, 237: 118167.

[89] KULSHRESHTHA C, CHO S H, JUNG Y S, et al. Deep red color emission in an Sm^{2+}-doped SrB_4O_7 phosphor [J]. Journal of the Electrochemical Society, 2007, 154 (3): J86-J90.

[90] ALONSO-ORTS M, CARRASCO D, SAN JUAN J M, et al. Wide dynamic range thermometer based on luminescent optical cavities in Ga_2O_3: Cr nanowires [J]. Small, 2022, 18 (1): 2105355.

[91] LI Z W, ZHU G, ZHANG Z, et al. Local structure modification for identifying the site preference and characteristic luminescence property of Eu^{2+} ions in full-color emission phosphors $Sr_{18}Mg_3(PO_4)_{14}$: Eu^{2+} [J]. Journal of Alloys and Compounds, 2021, 862: 158634.

[92] XIN S Y, GAO M, WANG C, et al. Efficient and controllable photoluminescence in novel solid solution $Ca_{1-x}Sr_xHf_4(PO_4)_6$: Eu^{2+} phosphors with high thermal stability for white light emitting diodes [J]. Crystengcomm, 2018, 20 (31): 4383-4394.

[93] ZATRYB G, KLAK M M. On the choice of proper average lifetime formula for an ensemble of emitters showing non-single exponential photoluminescence decay [J]. Journal of Physics-

Condensed Matter, 2020, 32 (41): 415902.

[94] FORMAN R A, PIERMARINI G J, BARNETT J D, et al. Pressure measurement made by the utilization of ruby sharp-line luminescence [J]. Science (New York, N. Y.), 1972, 176 (4032): 284-285.

[95] LORENZ B, SHEN Y R, HOLZAPFEL W B, et al. Characterization of the new luminescence pressure sensor SrFCl: Sm^{2+} [J]. High Pressure Research, 1994, 12 (2): 91-99.

[96] ZHENG T, RUNOWSKI M, WOZNY P, et al. Huge enhancement of Sm^{2+} emission→Eu^{2+} energy transfer in a SrB_4O_7 pressure sensor [J]. Journal of Materials Chemistry C, 2020, 8 (14): 4810-4817.

[97] HESS N J, EXARHOS G J. Temperature and pressure dependence of laser induced fluorescence in Sm: YAG-a new pressure calibrant [J]. High Pressure Research, 1989, 2 (1): 57-64.

[98] GUPTA S K, ZUNIGA J P, POKHREL M, et al. High pressure induced local ordering and tunable luminescence of $La_2Hf_2O_7$: Eu^{3+} nanoparticles [J]. New Journal of Chemistry, 2020, 44 (14): 5463-5472.

[99] CHEN W, LI G H, MALM J O, et al. Pressure dependence of Mn^{2+} fluorescence in ZnS: Mn^{2+} nanoparticles [J]. Journal of Luminescence, 2000, 91 (3/4): 139-145.

[100] MEI S, GUO Y, LIN X H, et al. Experimental and simulation insights into local structure and luminescence evolution in Eu^{3+}-doped nanocrystals under high pressure [J]. Journal of Physical Chemistry Letters, 2020, 11 (9): 3515-3520.

[101] WANG C, LI Y, CHEN S L, et al. A novel high efficiency and ultra-stable red emitting europium doped pyrophosphate phosphor for multifunctional applications [J]. Inorganic Chemistry Frontiers, 2021, 8 (17): 3984-3997.

[102] KUBALL M, HAYES J M, PRINS A D, et al. Raman scattering studies on single-crystalline bulk AlN under high pressures [J]. Applied Physics Letters, 2001, 78 (6): 724-726.

[103] MANJON F J, ERRANDONEA D, ROMERO A H, et al. Lattice dynamics of wurtzite and rocksalt AlN under high pressure: Effect of compression on the crystal anisotropy of wurtzite-type semiconductors [J]. Physical Review B, 2008, 77 (20): 205204.

[104] LI X F, KONG L N, SHEN L H, et al. Synthesis and in situ high pressure Raman spectroscopy study of AlN dendritic crystal [J]. Materials Research Bulletin, 2013, 48 (9): 3310-3314.

[105] CONG R D, ZHU H Y, WU X X, et al. Doping effect on high-pressure behaviors of Sc, Y-doped AlN nanoprisms [J]. Journal of Physical Chemistry C, 2013, 117 (8): 4304-4308.

[106] UENO M, ONODERA A, SHIMOMURA O, et al. X-ray observation of the structural phase transition of aluminum nitride under high pressure [J]. Physical Review B, 1992, 45 (17): 10123-10126.